SUPERサイエンス

# 身近に潜む危ない化学反応

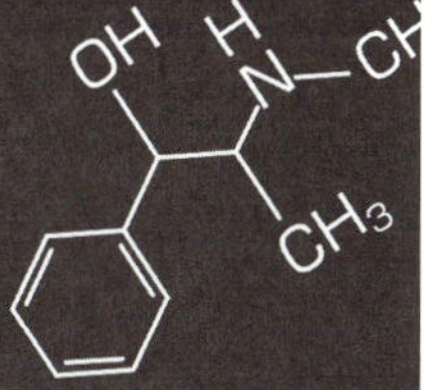

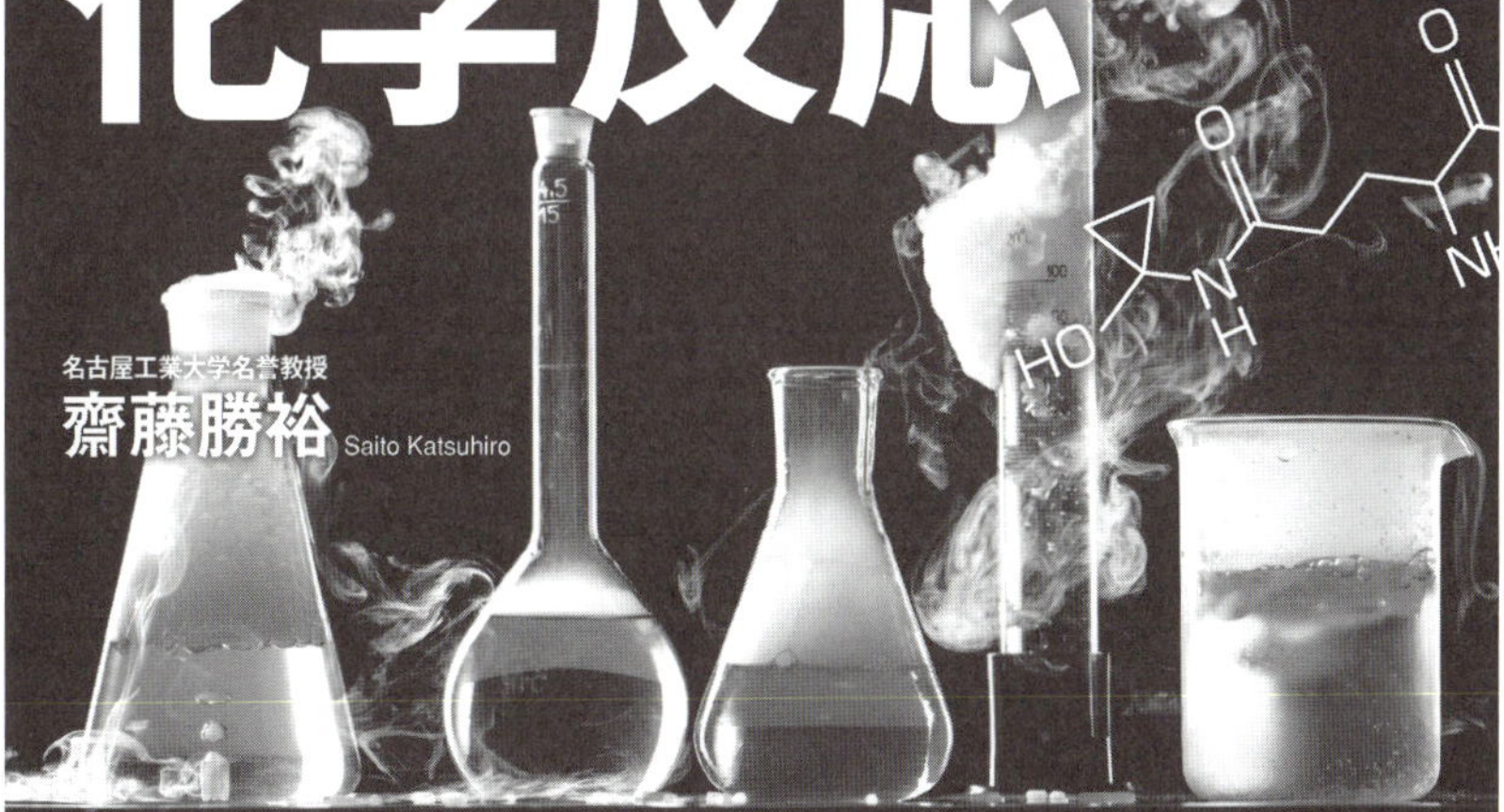

名古屋工業大学名誉教授
齋藤勝裕 Saito Katsuhiro



C&R研究所

■本書について

- 本書は、2017年1月時点の情報をもとに執筆しています。
- 本書に記載してある内容は、化学反応を利用して生活を豊かにしてきた歴史を知り、また危ない化学反応のメカニズムを知ることで家庭などで起こる事故を未然に防ぐことを目的としています。テロや違法行為を助長する意図はありません。また具体的な製造法に触れたり、違法行為の方法は一切記述してありません。

●本書の内容に関するお問い合わせについて

この度はC&R研究所の書籍をお買いあげいただきましてありがとうございます。本書の内容に関するお問い合わせは、「書名」「該当するページ番号」「返信先」を必ず明記の上、C&R研究所のホームページ（http://www.c-r.com/）の右上の「お問い合わせ」をクリックし、専用フォームからお送りいただくか、FAXまたは郵送で次の宛先までお送りください。お電話でのお問い合わせや本書の内容とは直接的に関係のない事柄に関するご質問にはお答えできませんので、あらかじめご了承ください。

〒950-3122　新潟市北区西名目所4083-6
株式会社C&R研究所　編集部
FAX 025-258-2801
「SUPERサイエンス 身近に潜む危ない化学反応」サポート係

# はじめに

私たちは、化学物質に囲まれています。それどころではありません。私たち自身が化学物質なのです。全ての化学物質は化学反応を起こします。生命自身が化学反応の結果ということでもあります。

私たちは、化学反応を利用してさらなる化学物質を作り、生活を豊かにしてきました。しかし、化学反応は便利で有用なものばかりではありません。有害で危険な反応もあります。火事は燃焼という化学反応です。この反応がどれほど有害かはいうまでもありません。

現代人の生活は、自然界にはなく、人間が作り出した化学物質の上に成り立っています。プラスチック、医薬品、殺虫剤、洗剤、全ては合成化学物質です。このような合成化学物質は、人の役に立つように、危険なことのないようにとの思いを込めて作られています。

しかし、これらは思いがけない反応を起こすことがあります。それは化学物質が想定されない条件に遭遇した場合に起きます。想定しない加熱で分解し、爆発することがあります。想定しない化学薬品と混合されて想定しない反応が起き、想定しない有毒物質が発生することもあります。

危険な反応は、工場や工事現場だけで起こるものではありません。家庭の中でも、食卓の上でも、美しい環境の中でも起こりえます。酸性雨やオゾンホールの発生はそのような例です。

本書は、このような反応を「危ない化学反応」として取り上げ、その反応のメカニズム、対処方を解説したものです。本書を読んだら、危ない反応にはどのようなものがあり、それを回避するにはどうしたらよいかということをおわかり頂けると思います。

本書が、危ない反応によって被害を受ける方を少なくすることに貢献できたら、大変に嬉しいことと思います。

2017年1月

齋藤 勝裕

# CONTENTS

CONTENTS



## Chapter 2 医薬品で起こる反応

# Chapter 3 飲食物で起こる反応

## Chapter 4 事業所で起こる反応

## Chapter 5 環境で起こる反応

## Chapter 6 原子炉で起こる反応

## Chapter 7 化学物質の性質と反応

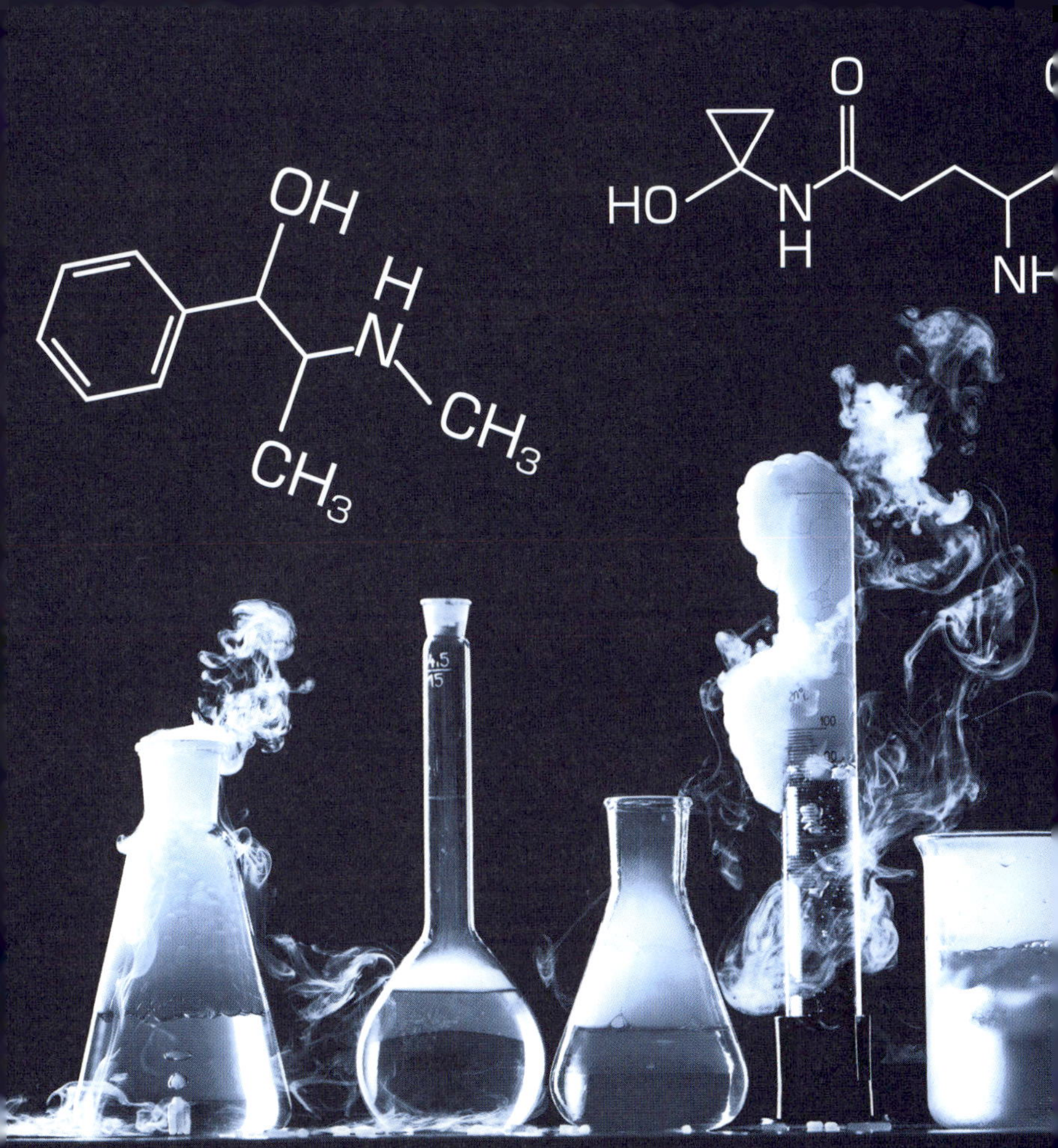

# Chapter. 1
# 家庭で起こる反応

SECTION 01

# 身近に潜む意外な危ない化学反応

「化学反応」というと、難しくて一般の生活には関係ないと思われるかもしれませんが、決してそのようなことはありません。化学反応はあらゆるところで起き、進行しています。包丁が錆びるのも、炭が燃えるのも、洗濯で汚れが落ちるのも、全ては「化学反応」のせいなのです。それどころか、私たち生物が命を育むのも生化学反応という化学反応のおかげなのです。

化学反応には2つの側面があります。「物質変化」という側面と「エネルギー変化」という側面です。炭が燃える反応は化学式で書くと次ページの式のようになります。

この式は、炭（炭素）Cと酸素$O_2$という2種類の物質が反応（燃焼）して、新しい物質である二酸化炭素$CO_2$に変化したということを示しています。これが物質変化の側面です。

しかし、炭を燃やせば熱くなり、炭は赤く輝き、周囲は暖かくなります。これはこの反応によって熱（エネルギー）と光（エネルギー）が発生していることを示しています。これがエネルギー変化の側面です。

炭の燃焼に伴って発生する新物質は二酸化炭素であり、無害と考えてよいでしょう。


私たちが利用する化学反応の多くは、薬の合成や、プラスチックの合成のように、有用な新物質を生産するものです。しかし、中には漂白剤（次亜塩素酸ナトリウム、NaClO）に酸性洗剤（塩酸HCl）を加えた場合に発生する塩素$Cl_2$のように、毒ガスとして知られるほどの猛毒物質が発生することもあります。

この反応は有害で危険、すなわち、本書の表題の「危

●炭が燃える反応

$$C + O_2 \longrightarrow CO_2 + \text{エネルギー}$$

炭素　酸素　　二酸化炭素

●塩素の発生

$$NaClO + 2HCl \longrightarrow NaCl + H_2O + Cl_2$$

次亜塩素酸　塩酸　　塩素ガス

ない化学反応」ということができるでしょう。

このような危険な化学反応も、しっかりした化学的知識を持った専門家が、塩素を得るために行ったのなら、問題はありません。しかし、この反応は、家庭の主婦が、トイレやふろ場などの密閉空間で、誤って漂白剤とトイレ洗剤を混ぜた時にも進行する恐ろしい反応です。この主婦は、猛毒の塩素ガスに直接さらされるのです。

炭の燃焼も、発生した熱エネルギーや光エネルギーを暖房や炊事、あるいは照明に使う限りにおいては有用な反応です。しかし、この熱エネルギーを誤って使うと火傷を負ったり、火事につながることもあります。つまり、この反応も見方によっては「危ない化学反応」ということになります。

このように、化学反応は常に危険性をはらんでいます。その危険性を認識して、万一の場合に対処する準備をしたうえで、反応を行うのなら問題はありません。しかし、化学的知識の乏しい一般の人が、知らず知らずのうちにこのような反応を行うと、取り返しのつかない事態に陥りかねません。

本書では、このような、一般の人が遭遇するかもしれない危険な反応を「危ない化学反応」として、必要な化学知識をご紹介し、注意して頂きたいとの思いを込めて書いているものです。

最近の家庭には、多くの化学物質が入り込んでいます。各種医薬品、栄養剤、洗剤、漂白剤、脱臭剤、防虫剤、殺虫剤、殺菌剤、除草剤などです。現代人にはこれらの化学物質を使いこなすことが求められているということでもあります。

本書が事故を防ぐために少しでもお役に立つことができれば嬉しいと思う次第です。では、次の項目から詳しく見ていきましょう。

●身近で起きる危ない化学反応

SECTION 02

# アルミニウム缶が爆発

２０１２年10月20日、東京山手線の電車内で爆発事故があり、男女合わせて16人が怪我をし、うち9人が病院に搬送されるという事件がありました。幸い全員、怪我の程度は軽いものでした。しかし、電車は深夜の終電であり、車内は満員状態だったため、大きな事件として扱われました。

## ⚠爆発の原因

真相は、アルミ缶の破裂でした。アルバイトの女性が、アルバイト先で使う業務用洗剤の洗浄能力が強いので、自分の家でも使おうと思い、持って帰ろうとしたのです。問題はその洗剤を入れるのに使った容器でした。適当な容器が無かったので、缶コーヒーを飲んだ後の蓋つきのアルミ缶390㎖に入れたのです。

業務用洗剤は、強アルカリ（塩基）性の物でした。家庭で使う洗剤は、手や衣服を保護するため中性の中性洗剤が多いです。しかし、業務用のものは汚れを強力に落とす目的のため、強アルカリ性や強酸性の物が多くなっています。女性がアルミ缶に入れたのは強アルカリ性の物でした。

## ⚠アルミニウムの反応

アルミニウムAlは水酸化ナトリウムNaOHなどのアルカリ（塩基）と作用すると下記の反応を起こして水素ガス$H_2$を発生します。

今回の爆発事故は、アルカリとの反応でしたが、アルミニウムは特殊な金属です。塩酸HClのような酸とでも、あるいは高温になると水とでも反応して水素ガスを発生します。

密閉した缶の中で気体が発生したらどうなるでしょうか？

●アルミニウムと水酸化ナトリウムの反応

$$2Al + 2NaOH + 6H_2O \longrightarrow 2Na[Al(OH)_4] + 3H_2$$

アルミニウム　　　　水素ガス

気体の特徴は軽いのに体積が大きいということです。水素ガスの場合、わずか2gで室温での体積は24Lほどになります。このような水素ガスが密閉した缶内に充満するのです。当然、缶の内部は高圧になり、そして、薄いアルミ缶がその圧力に耐え切れなくなったときに破裂、爆発になるのです。

幸いなことに今回のケースでは、缶が破裂して、内部のアルカリ性洗剤が飛び散っただけでした。しかし、水素ガスは可燃性、爆発性の気体です。もし、火気のある場所、例えばタバコを吸っている人でもいるような場所で起こったら、引火爆発の可能性もあります。この場合、被害は今回とは比べようもないほど大きな事故となっていたことでしょう。

「混ぜるな危険」という標語を漂白剤などで目にします。これは必ずしも2つの物を混ぜてはいけないということだけではありません。今回のように「何かを何かの容器に入れる」という行為にも当てはまるのです。

●アルミニウムとその他の反応

$$2Al + 6HCl \longrightarrow 2AlCl_3 + 3H_2$$

塩酸　水素ガス

$$2Al + 6H_2O \longrightarrow 2Al(OH)_3 + 3H_2$$

水　水素ガス

SECTION 03

# 漂白剤と酸性洗剤で塩素発生

家庭のキッチンとバスルームは化学薬品の倉庫のようなものです。どこの家庭にも何種類かの洗剤、漂白剤、カビ取り剤などが保管されているのではないでしょうか?

これらの全ては、化学薬品です。誤解しないでください。化学薬品が危ないとか怖いということではありません。一般に市販されている化学薬品は、全て厳重な検査を経て安全であることが確認された物ばかりです。決して危険なことはありません。

## ⚠ 化学物質の安全性

しかし、ここで「安全」というのは、その化学薬品が「想定された使用」をされた場合ということです。安全性の検査はこの想定された使用方の範囲内で行われます。もし、想定されない使用方を行った場合には安全性はどうなるのでしょうか?

　想定されない使用方とは、思いもしない使用方です。そのような使用方での検査は、仕様がありません。

　このような想定外の使用方としてよく起こりがちなのが、2種類の化学薬品を混合することです。基本的に化学薬品は反応します。空気中に放置すれば酸素と反応する可能性があります。その結果、品質劣化になります。

　しかし、2種類の化学薬品を混ぜた場合にはもっと激しい反応、危険な結果になることがあります。それが「混ぜるな危険」という標語なのです。

●「まぜるな危険」マーク

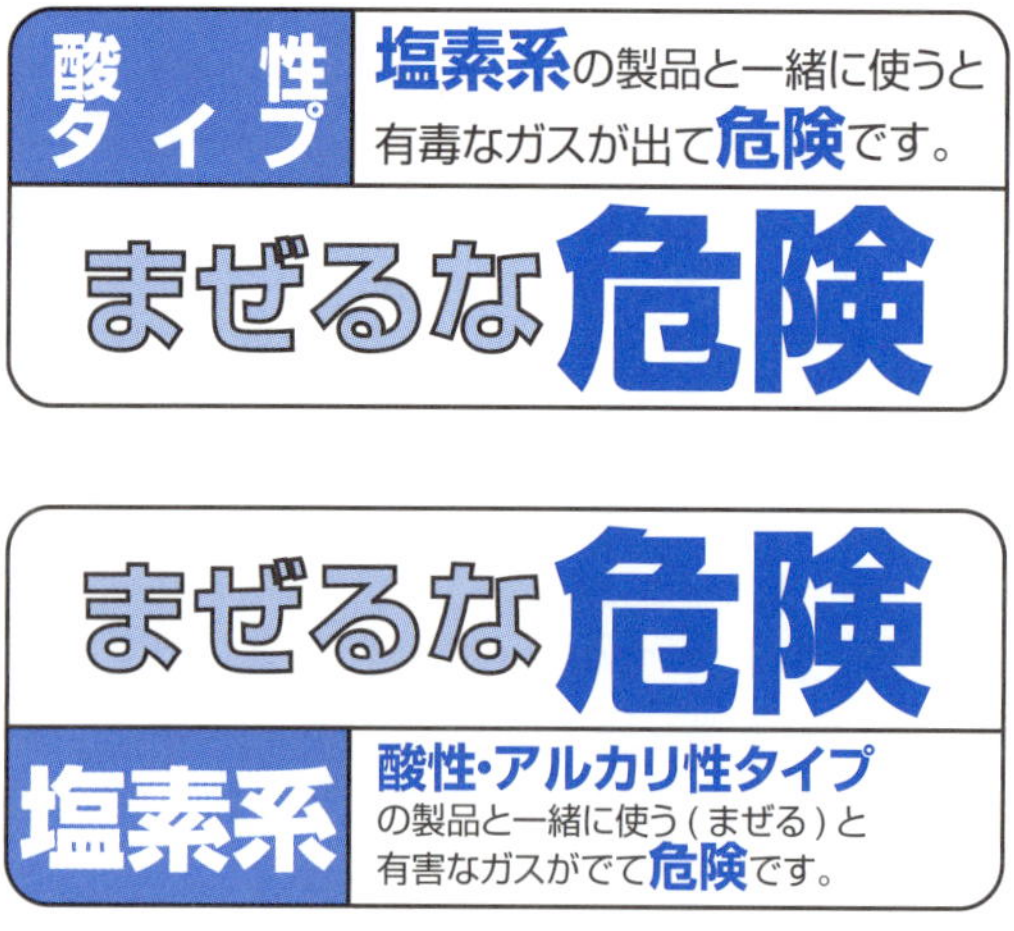

## ⚠ 塩素系漂白剤＋酸性洗剤

よく問題にされるのは、塩素系漂白剤と酸性洗剤の混合です。漂白剤には、塩素系と酸素系があります。漂白効果は、塩素系の方が強いので、家庭には塩素系が多いかもしれません。

塩素系の漂白剤には、水道水の殺菌に使われるサラシコの主成分である次亜塩素酸カルシウム$Ca(ClO)_2$と似た成分の、次亜塩素酸カリウムKClOが含まれています。

一方、酸系の洗剤というのは、主にトイレに使われる洗剤です。これには塩酸HClが含まれています。

この二種の化学物質が出会うと下記の反応が起きて塩素ガス$Cl_2$が発生します。

塩素ガスは淡緑色の気体で猛毒です。その毒性は第一次世界大戦でドイツ軍が毒ガス兵器として使ったことからもわかります。このよう

●塩素の発生

$$KClO + 2HCl \longrightarrow KCl + H_2O + Cl_2$$

次亜塩素酸　塩酸　塩素ガス

な猛毒のガスがトイレやバスルームなどの狭く密閉した空間で発生したらどうなるでしょうか?

塩素ガスを吸収すると、まず鼻の奥とのどにツンと刺すような痛みがはしり臭気を感じます。それから少し息苦しくなり、目の刺激や、咳、窒息感が起こってきます。多量に急激に吸引した場合は、瞬間的に呼吸困難になり、脈拍減少、チアノーゼ、咽頭痙攣が起こり、ショックを起こします。そして最悪の場合には死に至ります。

次亜塩素酸カリウムと反応して塩素ガスを発生するものは、トイレ洗剤に限りません。酸だったら何だって同じ反応を起こす可能性があります。

家庭にある酸の代表は食酢です。食酢には3%ほどの酢酸が含まれています。また、最近では、掃除にクエン酸を使う方もいるようですが、もちろんこれも酸です。家庭には、化学薬品が溢れているのです。

SECTION 04

# 硫化水素の発生

温泉に行くとゆで卵のような匂いがします。これは、硫化水素$H_2S$という気体の匂いで、硫化水素は猛毒の気体です。しかし、温泉街に漂っているのは、ものすごく濃度の薄い（低い）状態なので人体に害はありません。

## ⚠硫化水素の危険性

硫化水素は、猛毒のガスです。濃度が低いときには、温泉臭がします。しかし、濃度が濃くなると嗅覚が麻痺し、匂いを感じなくなります。ですから、匂いがしている間は安全といえるのかもしれません。

硫化水素は、硫黄Sと水素Hが反応してできたものです。火山性ガスの一種であり、火山の噴出物の一種です。分子量が34と空気（28・8）より重いので、空気の下に溜まります。つまり、火山地帯に窪地があると、硫化水素は、その窪地に溜まるのです。

スキーヤーが斜面を滑り降りてきて、このような窪地に突っ込むとその瞬間に硫化水素を吸い、昏倒して倒れます。その後は、硫化水素を吸い続けることになります。このような事故で多くの方が命を失っています。

２００５年12月には秋田県湯沢市の泥湯温泉で家族４人が亡くなっており、２０１５年３月には秋田県仙北市乳頭温泉で、温泉の点検をしていた職員３人が亡くなっています。

## ⚠硫化水素自殺

硫化水素で自殺を図ることは、以前からありましたが、２００８年は1年間だけで全国で１０００人以上の方が硫化水素自殺で亡くなったのです。

原因は、ネットで硫化水素の発生方法が流れた事でした。それも、当時は簡単に購入できる2種類の化学物質を混ぜるという方法でした。社会問題になったことから、このうち1種類は入手困難になりました。

硫化水素は、水に溶けると強烈な刺激を持った溶液になります。すなわち、硫化水素を吸ったら、鼻や口や喉で、この反応が起こるのです。しかも、素人が硫化水素を発生させたところで、その濃度は徐々に上がるだけです。命を失うまでには何十分もかかるでしょう。その間、この苦しみが続くのです。

硫化水素は赤血球のヘモグロビンにある鉄と結合します。すると、赤かったヘモグロビンが緑青色に変色します。

硫化水素自殺の困った点は、他の人に迷惑を掛けることです。風呂場などで亡くなった場合、驚いた家人、あるいは助けに入った救急隊の人が、ドアを開ければ硫化水素ガスが流れ出します。二次被害の恐れが大きいです。また、硫化水素は空気より重いので、自殺者の衣服の間に滞留しています。自殺者を助け起こそうとしたときにその硫化水素が放出されることもあります。

SECTION 05

# 重曹と酸で二酸化炭素発生

重曹$NaHCO_3$は、正式名を「炭酸水素ナトリウム」といいます。しかし昔は、「重炭酸ソーダ」と呼ばれました。ソーダはナトリウムのドイツ語名です。そのようなことから今でも重曹というのです。

## ⚠ 重曹の熱分解

重曹の用途としてよく知られているのはフクラシ粉、ベーキングパウダーでしょう。ベーキングパウダーは、パンなどを作る際に生地を膨らませる役割をする粉です。

昔ながらのパンの製造法では、小麦粉に水とイースト（パン酵母）を混ぜて練って生地を作り、それをしばらく放置します。すると生地の中に細かい泡ができ、生地が膨らみます。これは、イーストという微生物が小麦粉中のグルコース（ブドウ糖）を用いてアルコール発酵をし、同時に二酸化炭素$CO_2$を発生するからです。この二酸化炭素が泡となって生地を膨らませるのです。

ベーキングパウダーは、イーストの代わりをする化学物質です。主成分は重曹です。しかし、ベーキングパウダーの場合、パンを焼く前には$CO_2$は発生しません。パンを焼いて、生地に熱が加えられた段階で初めて$CO_2$が発生して生地が膨らみます。

つまり、重曹は加熱されると分解して$CO_2$を発生するのです。しかし、ここで発生する炭酸ナトリウム$Na_2CO_3$は特有の匂いがあり、また、パン生地を黄色く着色する作用があります。

## ⚠ 重曹と酸の反応

これを避けるためには重曹に酸を加えれば良いのです。塩酸$HCl$を加えると反応は次のようになります。

●重曹の反応

$$2NaHCO_3 \longrightarrow Na_2CO_3 + H_2O + CO_2$$

重曹　　炭酸ナトリウム　　二酸化炭素

$CO_2$は発生しますが、$Na_2CO_3$はできていません。この目的のために用いる酸は酒石酸や明礬《ミョウバン》です。明礬の分子式は$KAl(SO_4)_2$で水に溶けると硫酸$H_2SO_4$を発生し、酸性を示します。

明礬の中にはアルミニウムAlが含まれています。そのため、パンケーキミックスの中にはアルミニウムが入っているといわれ、健康に問題は無いのかという消費者の疑問が起こったことがありました。

ここで問題にしたいのは、重曹に酸を加えると炭酸ガス$CO_2$という気体が発生することです。先に見たように、気体の体積は膨大です。この気体が密閉容器の中で起こったらアルミニウム缶が破裂します。もしガラス瓶の中で起きたらガラス瓶が割れて飛散します。勢いよく吹っ飛んだガラス片が体に当たったら大変なことになります。目に当たっ

**●重曹の塩酸の反応**

$$\underset{\text{重曹}}{NaHCO_3} + \underset{\text{塩酸}}{HCl} \longrightarrow NaCl + H_2O + CO_2$$

$$\underset{\text{明礬}}{KAl(SO_4)_2} + 4H_2O \longrightarrow KOH + Al(OH)_3 + \underset{\text{硫酸}}{2H_2SO_4}$$

たら失明です。運悪く頸動脈にで当たったら命を失います。

家庭には、食酢、トイレ洗剤などの酸がたくさんあります。これと重曹を混ぜたら泡が出ます。これが$CO_2$です。

最近、効果的な手作り洗剤として重曹とクエン酸を混ぜることが、各種メディアなどで紹介されます。泡が出るので、壁などの垂直な面にもある程度の時間くっついており、そのために除染効果が高くなるといいます。

しかし、もし誰かがそんな便利な洗剤なら作り置きしておこうなどと考えて、密閉容器の中にこの二種の化学物質を入れて置いたらどうなるでしょう……。あまり考えたくない結果になる可能性があります。

SECTION 06

# 発熱する乾燥剤

土産物の菓子箱を開けると土産物以外に2種類の袋が入っていることがあります。一つには脱酸素剤と書かれ、もう一つには乾燥剤と書いてあります。

脱酸素剤というのは文字通り酸素を奪うものが入った袋です。包装中の酸素を奪うことによって土産物が酸素で酸化されて変質するのを防ごうというものです。中身は鉄粉Feです。鉄粉が錆びることによって酸素を奪うのです。

## ⚠乾燥剤

乾燥剤には主に2種類あります。一つは生石灰(正式名：酸化カル

●鉄と酸素の反応

$$4Fe + 3O_2 \longrightarrow 2FeO_3$$

鉄　　酸素

シウム)CaOであり、もう一つはシリカゲルです。シリカゲルは白いビーズのように見えますが、顕微鏡で見ると無数の小さい穴がビッシリと空いています。

分子同士の間には分子間力と呼ばれる引力が働きます。水分子とシリカゲル分子(二酸化ケイ素$SiO_2$)の間にも引力が働きます。そのため、水分子はシリカゲルに吸着されます。そしてシリカゲルは多孔質で表面積が大きいので水を吸着する力が強いのです。

脱臭剤の活性炭などは、要するに炭の粉末です。炭はシリカゲルと同様に多孔質で表面積が大きいので匂い分子を強力に吸着するのです。

●シリカゲル

## ⚠生石灰の危険性

問題になるのは生石灰を用いた乾燥剤です。生石灰の脱水原理はシリカゲルのような吸着ではなく、化学反応です。つまり生石灰は水と反応して消石灰（正式名：水酸化カルシウム）$Ca(OH)_2$になるのです。消石灰は、グラウンドに白線を引くときに使う白い粉です。

この反応が発熱反応なのです。かなり強力に発熱しますので、うっかり湿ったゴミ箱に棄てると、そこの水分と反応して発熱し、紙くずに火が着いて火事になる場合や、赤ちゃんが間違って口にいれたら、かなり重篤な火傷になる可能性があります。

他にも発熱反応を利用した加熱機能付きのレトルト食品に利用されています。カレーやお粥のパックにひもが付いていて、それを引っ張ると食品が温まって熱くなるというものです。

この加熱装置に入っているものが生石灰と水です。ひもを引っ張る

●生石灰と水の発熱反応

$$CaO + H_2O \longrightarrow Ca(OH)_2 + \text{熱}$$

生石灰　　水　　消石灰（水酸化カルシウム）

ことによって生石灰と水が混じり、発熱します。これを見ても生石灰の発熱の凄さがわかります。

室内に使う乾燥剤には塩化カルシウム$CaCl_2$が用いられます。塩化カルシウムの吸水能力は非常に高いのですが、欠点があります。それは潮解性《ちょうかいせい》といわれる性質であり、空気中の水分を吸収して、自身がその水分に溶けるのです。室内乾燥剤を置くと容器に水が溜まるのはこの性質のせいです。そのため、塩化カルシウムは土産物などの乾燥剤には使うことができません。土産物の菓子箱の中に水が溜まったのでは大変です。

●水酸化カルシウム

SECTION 07
# 不完全燃焼と一酸化炭素

最近は、電子レンジやIHクッキングヒーターなど電気加熱器具が人気ですが、台所での調理には、ガスレンジも欠かせません。そのため、多くの家庭にガス管が引かれ、都市ガスが供給されています。

## ⚠燃料用ガス

家庭で使う燃料用のガスには主に2種類あります。都市ガスとプロパンガス$CH_3CH_2CH_3$です。それぞれを使う世帯数は、ほぼ同数といわれています。すな

●プロパンガスボンベ

わち、日本中の家庭で考えた場合、半数の家庭では、プロパンガスを用いているのです。プロパンガスは、ガスボンベに入れて供給されます。空になったらボンベを返し、新しく充填されたボンベを届けてもらいます。

現在の都市ガスは、ほとんど全てが天然ガスです。天然ガスはガス油田から噴出する気体であり、その割合は産地によって異なりますが主成分はメタン$CH_4$です。メタンは空気より軽い気体であり、無臭ですが、危険性回避のため人工的に匂いをつけています。

50年ほど前の都市ガスには、水性ガスや石炭ガスが用いられていました。水性ガスというのは、高熱にした石炭Cと水$H_2O$を反応したもので水素ガス$H_2$と一酸化炭素COからできています。水素ガスも一酸化炭素も燃料になります。

石炭ガスというのは、石炭を乾留したもので、水素、メタン、一酸化炭素などの混合物です。問題は、どちらも一酸化炭素COを含むこと

●石炭と水の反応

$$C + H_2O \longrightarrow CO + H_2$$

石炭　水　一酸化炭素　水素ガス

です。一酸化炭素は、猛毒です。赤血球中の血液運搬タンパク質であるヘモグロビンや、呼吸酵素の中にある鉄と不可逆的に結びついて酸素運搬を阻害するのです。このような毒物を一般に「呼吸毒」といいます。青酸カリ（正式名：シアン化カリウム）KCNや硫化水素$H_2S$も呼吸毒です。

## ⚠不完全燃焼

現在の燃料ガスには、一部の地域を除けば一酸化炭素は含まれていません。その意味では、安全になったといえるでしょう。

しかし、一酸化炭素が都市ガスとして供給されることは無くなりましたが、都市ガスが一酸化炭素に変化することはあります。それが不完全燃焼です。以前、瞬間ガス湯沸かし器の不備のために一酸化炭素が発生し、住人が亡くなるという事故が発生しました。一酸化炭素は無色無臭ですので、人間が感知することはできません。

気が付いたときには中毒にかかり、動くことも、逃げ出すこともできなくなってしまう怖い気体です。

一酸化炭素は、燃料を酸素供給が不十分な状態で燃焼したときに発生します。酸素が充分にあれば無毒の二酸化炭素$CO_2$になるのですが、酸素が足りないと一酸化炭素になるのです。

一酸化炭素中毒がよく起こるのは、密閉した空間で火を起こした時です。炭火焼の焼き肉を食べている時の事故は時々報告されます。変わったところでは、雅楽の演奏者が準備室で楽器の笙《しょう》を炭火で乾燥している時に中毒になったというのがありました。そのほかにも練炭を用いた自殺や殺人は、時折、新聞をにぎわす通りです。

**●一酸化炭素と二酸化炭素の反応**

$$2C + O_2 \longrightarrow CO$$

一酸化炭素

$$C + O_2 \longrightarrow CO_2$$

二酸化炭素

SECTION 08

# 酢とオキシフルを混ぜたらどうなる?

爆発も化学反応です。爆発は物体を破壊し、生物を殺します。最も危険な化学反応ということができるでしょう。

爆発にもさまざまの種類がありますが、火薬で起こる爆発反応は、高速に進行する燃焼反応ということができます。ガソリンが専用のランプの中でチョロチョロと燃えれば登山の際の照明となります。しかし、そのガソリンを缶にいれて火を着けたら爆発になります。どちらもガソリンが酸化された反応です。

## ⚠酸素の高速供給

爆発反応の速度は非常に速いです。つまり、爆薬が燃えている時間は、非常に短いのです。この短い間に燃料を燃やすのに充分な酸素を供給するのは不可能です。空気中の酸素にだけ頼っていたら、燃料が不完全燃焼して爆発になりません。

そこで、一般に爆薬といわれるものは自分自身の中に酸素を持っています。例えば、昔から黒色火薬といって火縄銃や花火に使われた火薬は硫黄S、炭C、それと硝石(正式名：硝酸カリウム)$KNO_3$の混合物です。硝石の分子式を見てください。一分子中に3個の酸素原子Oを持っています。この硝石が酸素供給源になっているのです。

●中国天津の爆発事故によるクレーター

2015年8月に中国天津で起こった爆発事故は、硝酸アンモニウム$NH_4NO_3$によるものとみられていますが、この物質も酸素を持っています。硝酸アンモニウムと軽油などを混ぜたものは、アンホ爆薬といわれ、現在では、鉱山や土木工事の現場などで、ダイナマイト以上に使われています。

## ⚠過酢酸の生成

食酢の成分である酢酸の構造式は$CH_3COOH$ですが、これにもう1個酸素が入った$CH_3COOOH$は「過酢酸」といいます。この物質は、食酢と消毒薬のオキシフル(過酸化水素$H_2O_2$水溶液)を混ぜることで生成します。

一般に、原子団COOOHを持った化合物は「過酸」といわれます。過酸は不安定であり、爆発性があります。過酢酸も爆発性があります。その爆発物が下記のような簡単な反応でできるのです。そこが化学反

●過酢酸の発生

$$CH_3COOH + H_2O_2 \longrightarrow CH_3COOOH + H_2O$$

食酢　過酸化水素　過酢酸

応の怖い所です。

しかし、食酢の中の酢酸濃度は3％程度と低いです。そのため酢を使ってできる過酢酸の濃度は低く、爆発する恐れはありません。それどころか、過酢酸の水溶液は殺菌消毒薬として使用されます。

過酢酸の6％水溶液はアセサイドという商品名で市販されており、医療用の殺菌、消毒に使う場合は更に薄めて0・2％から0・3％となっています。しかし、殺菌作用は強力で、ほとんど全ての細菌、ウイルスに対して効果があります。さらに過酢酸は、炭疽菌に代表される芽胞にも有効であることが知られています。

SECTION 09

# 爆薬の意外な原料

化学反応は物質を全く異なる物質に変化します。その変化は、想像を絶するものがあります。ダイナマイトは爆薬の代表のようなものですが、それがなんと食品からできるのです。

## ⚠油を分解すると何になる?

化学的に食品といえば、よく知られたところでタンパク質、デンプン、油脂があげられます。一般の食品にはこの3種類の物質が固有の割合で含まれています。

一口に油脂といっても種類は多く、牛やブタの脂、鯛やイワシの油、ゴマやオリーブの油と数えきれないほどの種類があります。ところがそのように種類の多い油脂も、化学式で書くとたった1種類に過ぎないことになるのです。

そして、私たちがこの油脂を食べると、胃の中で分解されてグリセリンと脂肪酸になります。実は、この脂肪酸に多くの種類があるのです。そして、牛やオリーブに含まれる油の違いはこの脂肪酸の違いによるのです。ところが、どのような油を食べようとも、必ず出てくるのがグリセリンなのです。そして、このグリセリンこそがダイナマイトの原料なのです。

## ⚠ニトログリセリン

グリセリンに硝酸$HNO_3$を作用させるとニトログリセリンになります。次ページのニトログリセリンの構造式を見てください。1分子の中に酸素が9個もあります。これからわかるように、ニトログリセリンは非常に強力な爆薬です。

それでは、ニトログリセリンは、さまざまな爆発の用途に使

●グリセリンの構造

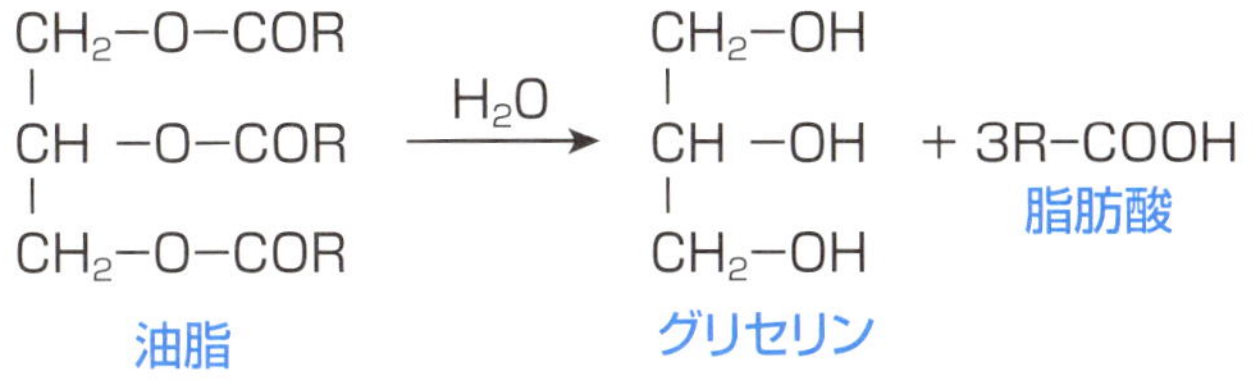

われる優れた爆薬かというと、全く違います。ニトログリセリンは爆発しやすい、すなわち不安定でちょっとしたショックでも爆発してしまいます。運搬すら危険なほど不安定なのです。これでは通常の使用には耐えません。

この問題を解決したのがノーベル賞のノーベルでした。彼はニトログリセリンを太古の微生物の遺骸の化石である珪藻土に吸着させると安定になることを発見しました。叩いても蹴っても爆発しないのです。しかし、信管を使って爆発させるとニトログリセリンの爆発力で爆発します。これがダイナマイトなのです。

ニトログリセリンは爆薬に利用されるだけではありません。狭心症の特効薬としても知られています。狭心症の発作を起こした人にニトログリセリンを与えると発作が嘘のように収まるのです。これはニトログリセリンが体内に入ると一酸化窒素NOになり、これに血管を拡張する働きがあるからなのです。

●ニトログリセリン

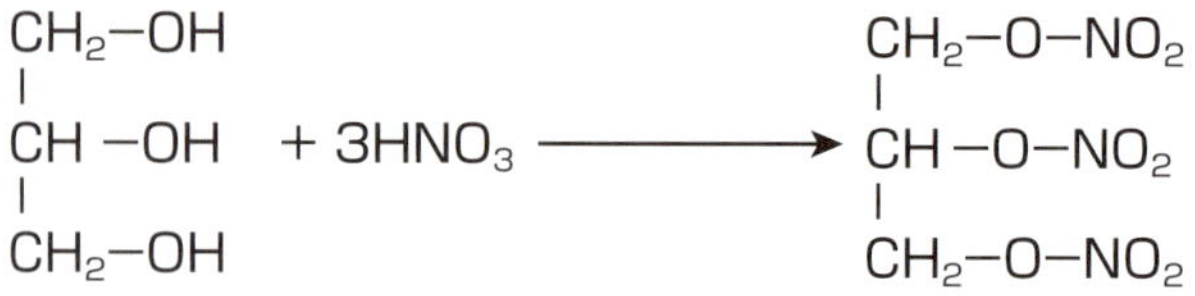

グリセリン　硝酸　ニトログリセリン

SECTION 10

# ハンダから鉛が溶け出す

金属のうち、比重が概ね5より小さいものを「軽金属」、5より大きいものを「重金属」といいます。軽金属の種類は多くなく、リチウムLi（比重：0・53）、ナトリウムNa（0・77）、マグネシウムMg（1・74）、アルミニウムAl（2・70）、チタンTi（4・50）など、10種類に満ちません。それに対して重金属は鉄Fe（7・86）、カドミウムCd（8・65）、銅Cu（8・92）、鉛Pb（11・3）、水銀Hg（13・6）、金Au（19・3）、白金Pt（21・4）などたくさんあります。

## ⚠重金属の毒性

重金属の中には毒性を持つ物があります。水銀は、熊本県や新潟県で起こった水俣病《みなまたびょう》の原因になったことで有名で、カドミウムは、富山県で起こったイタイイタイ病の原因物質です。クロムCrも6価のイオン$Cr^{6+}$は、有害なことで知られています。

身の回りにある重金属で有害なのが鉛です。鉛は釣りの錘《おもり》や散弾銃の銃弾として使われますが、神経を侵す神経毒です。

ローマ皇帝ネロは残虐なことで有名ですが、これは鉛中毒のせいではないかという説があります。ローマ時代のワインは酸っぱかったようです。そこで、その酸味を消す方法として考え出されたのが、ワインを鉛製の鍋で加熱するのです。

すると、ワインの酸味の元である酒石酸が鉛と化合して酒石酸鉛となります。この酒石酸鉛がなんと甘いのです。つまり、酸っぱかったワインが甘くなるのです。ローマ皇帝ネロはこの鉛入りワインをがぶ飲みし、その結果、神経、精神を病んだようなのです。

●酒石酸と鉛の反応

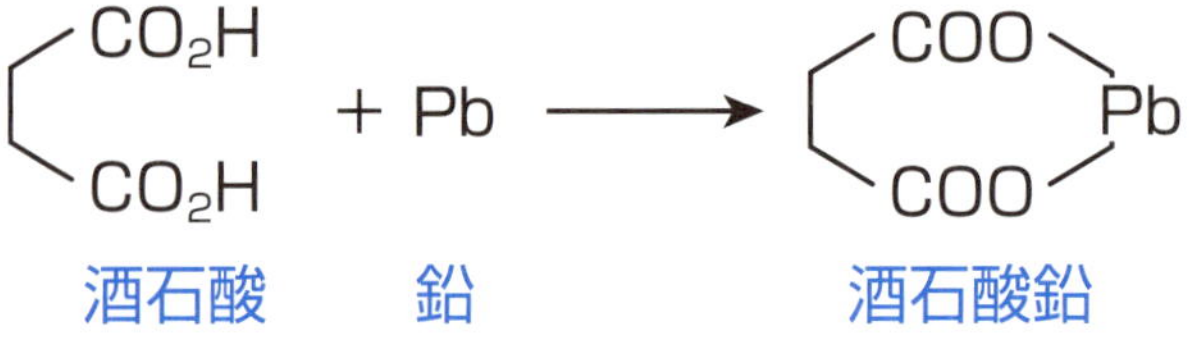

ベートーベンも鉛中毒でした。彼の頃はヨーロッパではワインに酸化鉛の白い粉（当時の白粉《おしろい》は酸化鉛）を振って飲む習慣がありました。ワインを甘くするためです。ベートーベンはこれが大変に好物だったようです。ベートーベンが全聾《ろう》状態になったのは鉛中毒のせいともいわれています。

●ベートーベン

## ⚠ハンダは鉛を含む

このように危険な鉛を含むもので、どこの家庭にもありそうなものがハンダです。ハンダは鉛とスズSnの合金です。酸にあうと鉛が溶け出す可能性があります。

これで起きた悲劇が１８１９年の北極探検隊の遭難事故でした。フランクリン海軍提督を隊長とする１３４名を超える探検隊が北極を目指しましたが途中で遭難し、全員が死亡した事件です。原因はいろいろありますが、ハンダもその一因といわれています。すなわち、彼らは食料として、当時開発されたばかりの缶詰を大量に持ち込んだのです。ところが当時の缶詰は蓋を接続するのにハンダを使っていました。そのハンダが航海の間に溶けだし、食品に混じったというのです。その結果、正常な判断力を失っていたと思われるのです。

家電製品などでは、基盤の固定にハンダを用いますが、輸出用の製品は鉛を含まない特殊ハンダを使うことが要請されています。ホビーなどに使うハンダも、鉛を含まない鉛フリーのハンダに置き換わりつつあります。

●ハンダ

©Johan commonswiki

SECTION 11

# 食器から鉛が溶け出す

鉛は有毒な金属ですが、実は私たちの身近な食器にも使われているものがあります。

## ⚠ クリスタルグラス

優勝杯や花瓶に使われるガラスの多くはクリスタルグラスです。クリスタルグラスは普通のガラスに比べて透明度と屈折率が高いため、大変に美しいです。しかも、普通のガラスより軟らかいのでカットしやすく、複雑な模様を表した

●クリスタルグラス

カットグラスを作るのにも向いています。このようなことで、ワイングラスなどの高級品は軒並みクリスタルグラスでできています。

意外に思われるかもしれませんが、クリスタルグラスには酸化鉛$PbO_2$が含まれています。クリスタルグラスが普通のガラスより重いのはそのせいで、含まれる酸化鉛の重量は多いものでは40%に達するといいます。

金属は、水やアルコールには溶けにくいので、これらのグラスでお酒を飲む分にはあまり問題ないかもしれません。しかし、ジュースなど酸性の物を入れると鉛が溶け出す可能性はゼロではありません。そこで、最近では鉛を含まないクリスタルグラスも開発されています。

## ⚠陶磁器

陶磁器は、粘土を1000℃以上の高熱で焼いて固めたものです。低い温度で焼いて多孔質になったものを「陶器」、高温で焼いて透水性を失ったものを「磁器」といいます。

多くの場合、陶磁器の表面には絵を描いたり、透明なガラスのような膜を作ります。

これを「上薬《うわぐすり》」、あるいは「釉薬《ゆうやく》」といいます。ところが、この釉薬の中に鉛を含んでいるものがあるのです。鉛を含んだ釉薬は発色が鮮やかであり、しかも低い温度で融けるので製造が簡単です。

日本では鉛を含んだ釉薬を用いることは禁止されていますが、中国製の安価な陶磁器には鉛を含んだ釉薬を使ったものが混じっていることがあります。特に小児用の鮮やかな色彩を用いた物に多いといいますから注意が必要です。

しかし、日本の食器にも鉛釉薬を含むものがあります。伝統的な抹茶椀の中でも、特に千利休が好んだといわれる「楽茶碗《らくちゃわん》」です。楽茶碗には赤、白、黒などがありますが、赤楽は炭酸鉛$PbCO_3$、白楽には酸化鉛が用いられています。本来ならば、このような茶碗は食品衛生法で禁止されるのですが、楽茶碗に限っては伝統製品ということで許可が出ています。

また、観光地などで土産物用に売られている絵皿のうち、特に〝観賞用〟と書かれた物の中には鉛釉薬を用いた物が混じっている可能性があります。飾って楽しむ分には何の問題もありませんが、この皿に特に酸味のある果物やなますのような食品を盛るのは、避けた方が賢明でしょう。

SECTION 12

# 発ガン物質を生じる反応

医療技術の発展のおかげでガンの治癒率は飛躍的に向上しています。しかし、まだまだガンは怖い病気です。ガンにならないように毎日の食生活に気を配りたいものです。ところが、安全と思われる食物に含まれるある種の化合物が、加熱されたり、体内に入ることによって、発ガン物質に変化することがあるといいます。

## 肉や魚が焦げるとヘテロサイクリックアミンになる

動物や魚の肉はタンパク質という大きな分子からできています。そしてタンパク質分子はアミノ酸という小さな分子からできています。ですから、肉や魚にはアミノ酸がたくさん入っています。一方、動物や魚の筋肉にはクレアチンといわれる物質が含まれています。

このアミノ酸とクレアチンが高温で反応するとヘテロサイクリックアミンといわれる物質に変化します。ヘテロサイクリックアミンには多くの種類があり、このヘテロサイクリックアミンに発ガン性があるといいます。

## ⚠ 亜硝酸塩がニトロソ化合物になる

ハムなどには保存剤として亜硝酸ナトリウム$NaNO_2$が含まれています。このような亜硝酸塩が魚介類に含まれるジメチルアミン$(CH_3)_2NH$と反応すると、ニトロソジメチルアミン$(CH_3)_2-N=O$が発生するといいます。

このようなニトロソ化合物は強い発ガン性が疑われる物質です。たとえば、中国河南省安陽市や広東省汕頭市周辺は食道癌や胃癌の患者が多く発生することで知られていますが、この地域の漬物などの食品中に含まれるニトロソアミンなどのニトロソ化合物が影響しているともいわれています。

また、$R_2-N-N=O$の構造を持つN-ニトロソ化合物を摂取すると、体内で代謝されて肝機能障害を起こす物質に変わることが知られています。

　２００２年には中国製のダイエット食品にＮ-ニトロソフェンフルラミンが混入したことがありました。日本を含む各国でこれを摂取した人が肝機能障害や甲状腺機能亢進で苦しんだ事件も起きています。

●N-ニトロソフェンフルラミン

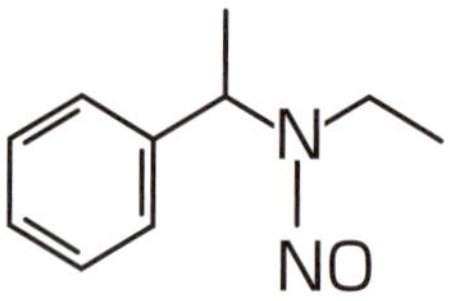


N-ニトロソフェンフルラミン

## ⚠ガン予防

　しかし、発ガン性物質を摂取したからといって、必ずガンになるわけではありません。問題は量です。普通の食事の内容に混入する発ガン性物質の量で、ガンになる心配は少ないでしょう。それよりも、バランスのとれた食生活と運動に気を付けて生活していくことが大事です。

SECTION 13

# 液体爆弾を作る反応

世界中でテロ活動が頻繁に起こっています。その中でも多くの人を犠牲にするのが自動車や飛行機の爆発、自爆などの爆発物を用いたテロです。航空機の爆破は多くの人を一挙に犠牲にするので特に悲惨です。当局も爆薬が機内に持ち込まれることのないように監視の目を光らせますが、テロリストはその裏をかこうと必死です。

空港には金属探知機がありますが、それをかいくぐる爆薬もあります。それは、プラスチック爆弾と液体爆弾です。

## ⚠ 液体爆弾による事故

１９８７年11月29日、大韓航空の旅客機が北朝鮮の工作員によって飛行中に爆破されました。この事故では乗客乗員115人全員が犠牲になりました。2人の犯人が捕まりましたが、うち一人は、隠し持った青酸系毒物で自殺してしまいました。原因は酒瓶に入れて持ち込まれた液体爆弾でした。

また、1994年12月11日にはフィリピン航空機の座席に仕掛けられた爆発物が爆発し、乗客1名が死亡しましたが幸いなことに墜落は免れました。爆薬は液体のニトログリセリンであり、コンタクトの洗浄液を装って持ち込まれたものでした。

## ⚠液体爆弾

液体爆弾とは、液体の爆発物のことをいいます。フィリピン航空の事件で使われた爆弾はニトログリセリンでした。ニトログリセリンは比重1・6、融点14℃、沸点50～60℃の無色の液体です。他に液体の爆薬としては比重1・5、融点マイナス22℃のニトログリコールがあります。この2種類は、それ自身が液体であり、爆発性があるので液体爆弾といってよいでしょう。しかし、テロリスト

●ニトログリコール

$$\begin{array}{l} CH_2-O-NO_2 \\ | \\ CH\ \ -O-NO_2 \end{array}$$

ニトログリコール

が主に使う液体爆弾は違います。これは2種類の液体を混ぜることによって作る爆薬です。原料の液体を本書で示すことはできませんが、どちらもありふれた液体です。

片方は純粋な液体であり、ホームセンターなどで売っています。もう片方は液体の水溶液で、薬局で取り寄せてくれるでしょう。購入するのに身分証明書も印鑑も必要ありません。この2種類の液体を適当な容器に注ぎ入れれば液体爆弾の出来上がりです。

ただし、この爆弾の正体は、実は粉末(結晶)です。つまり、液体爆弾とはいうものの固体爆弾(粉末)の水溶液なのです。そのため、作っている時に溶液が容器の縁に飛び散り、水が乾くと白い粉末が残ります。これは爆薬そのものです。非常に不安定で高い爆発力を持ちます。うっかり指で擦ろうものならその場でドカンです。

2000年頃、名古屋でそんな事件がありました。興味本位で学生がアパートで液体爆弾を作ろうとしたのです。案の定、器壁に着いた白い粉を擦って爆発させ、痛さに耐えきれずに自分で救急車を呼んで警察に捕まるという、笑い話にもならないような事件でした。とにかく、液体爆弾は簡単に作ることができ、外見上はジュースや酒などにごまかすことは簡単なことです。このようなことから航空機に液体の持ち込みが禁止されて今日に至っているのです。

SECTION 14

# ドライアイスが爆弾になる

物体は変化します。物体というと何かと思われるかもしれませんが、目に見えるすべてのものは物体です。すなわち、何気ない物の変化が取り返しのつかない事件を発生することがあります。化学変化には充分な注意が必要です。

## ⚠物質の状態変化

氷は低温では固体の氷です。しかし、温めて0℃くらいになると融けて、水という液体状態になります。ところがこれをさらに温めて100℃ほどにすると、突如、沸騰して水蒸気という気体になります。この間の変化は劇的なものです。

とはいうものの、このような変化を私たちは日常的に普通の事として受け入れているのです。そして、このような変化を一般に「状態変化」といいます。

## ⚠状態変化が示すもの

状態変化は、同じ物質が、温度、圧力が変わることによって、その性質を劇的に変化させることをいいます。

物質の中には、ものすごい変化をする物質があります。それは、二酸化炭素$CO_2$です。二酸化炭素は低温では「固体」のドライアイスですが、室温では姿の見えない気体の二酸化炭素になります。その間に液体状態を通ることがありません。このような変化を「昇華」と

●ドライアイス

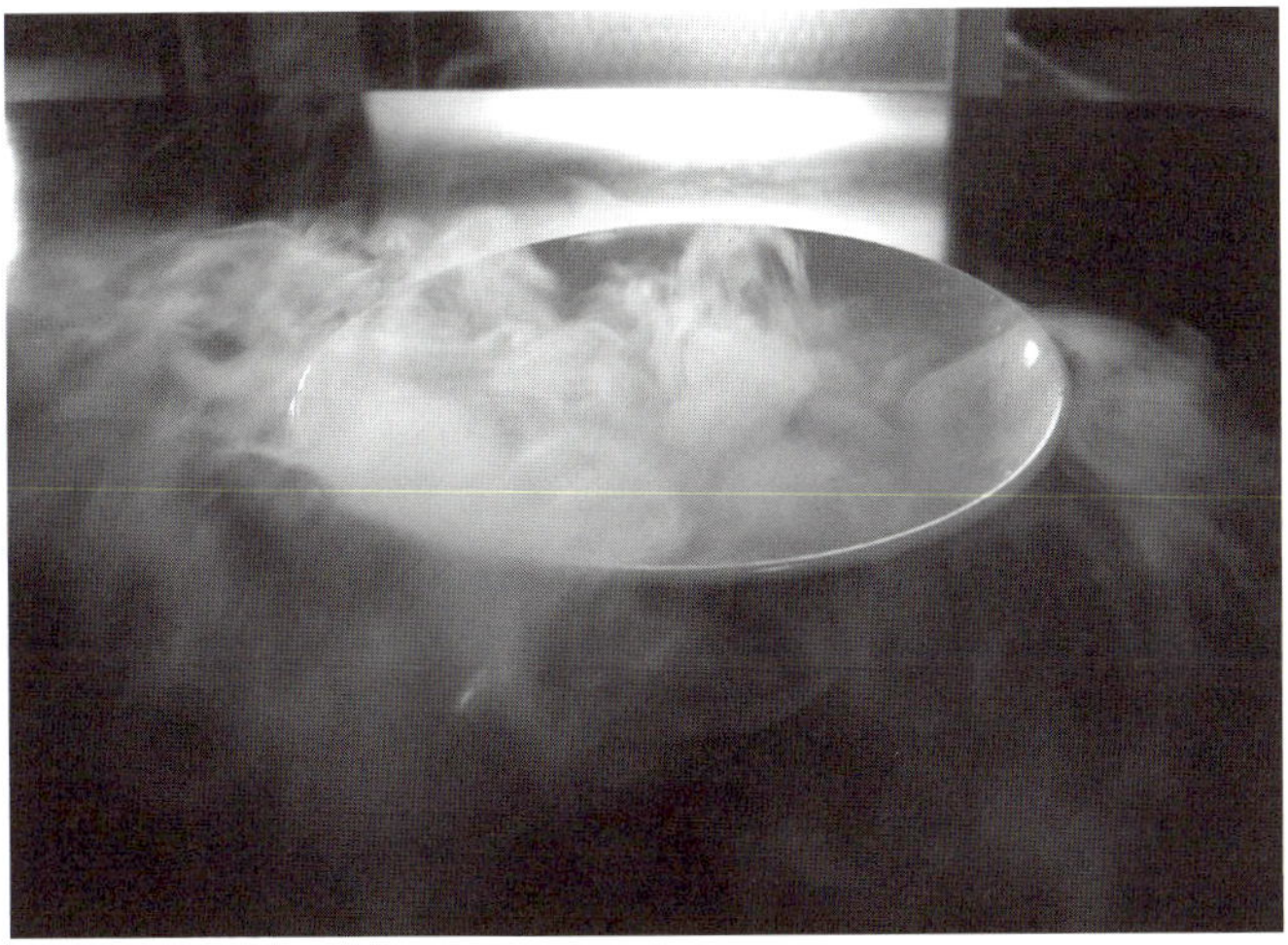

いいます。

二酸化炭素$CO_2$の分子量は12+16×2=44ですから、1モルは44gです。ドライアイスの比重は約1・6ですから1モルの体積は$\frac{44}{1.6}$=約27（ml）です。ところが1モルの物質は気体になると、その体積は1気圧0℃で22・4Lになります。室温では約24Lです。ですから、ドライアイスは気体になると体積が一挙に約900倍になるのです。

風船に一かけらのドライアイスを入れたら、風船はパンパンに膨れて、やがて破裂するでしょう。このドライアイスをガラス瓶に入れて蓋をしたら爆発してしまいます。以前、中学生がインク瓶にドライアイスを入れて観察した事件がありました。インク瓶は爆発して、そのかけらが中学生の後ろで見ていた母親の頸動脈を切り、死亡するという事件でした。

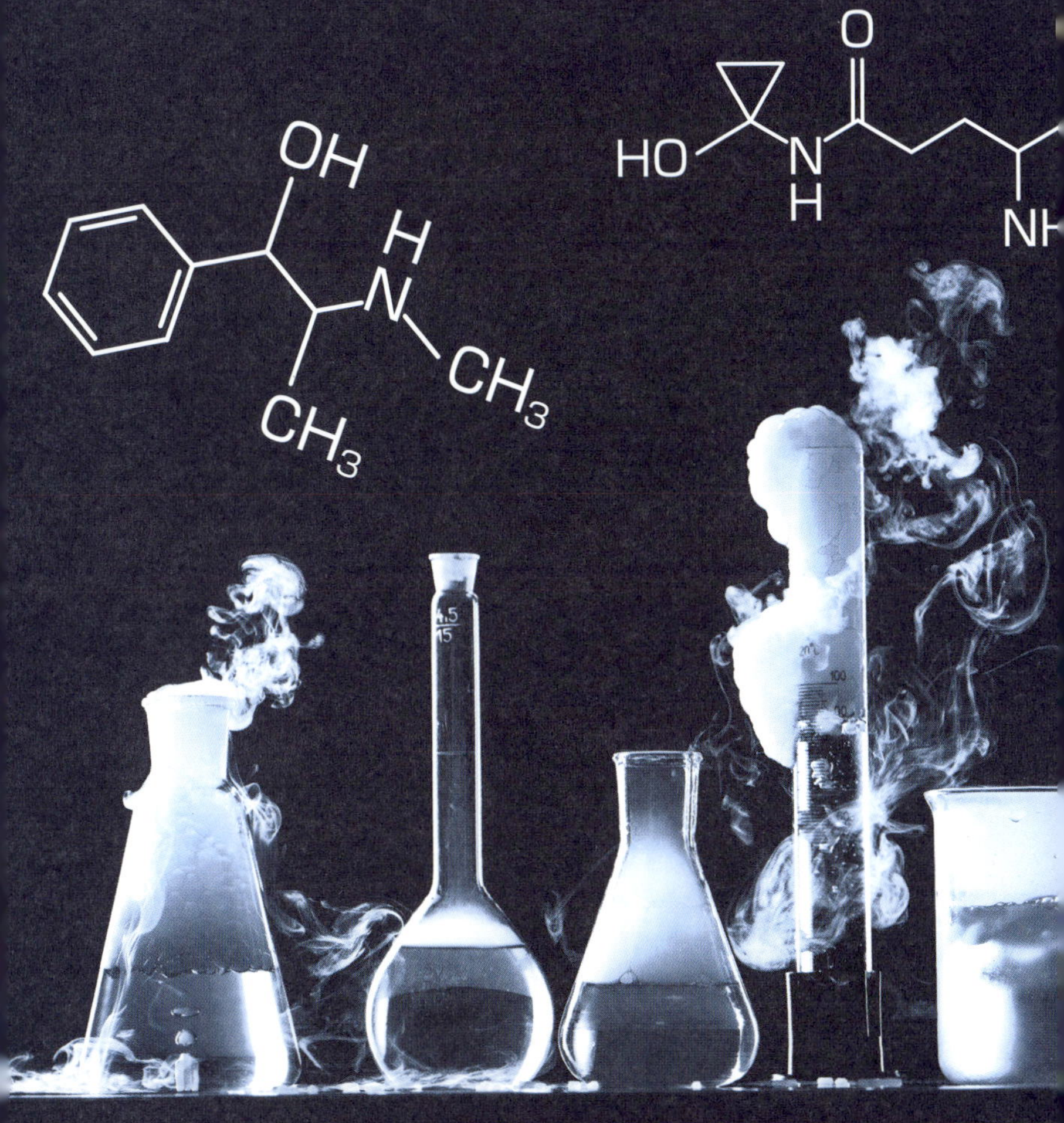


# Chapter. 2
# 医薬品で起こる反応

SECTION 15

# 薬にも「食べ合わせ」がある!?

昔の人は、食べ合わせに気を付けました。特定の2種類の食品を一緒に食べてはいけないというのです。例えば、「テンプラとスイカ」「赤飯とフグ」「ウナギとウメボシ」などです。

迷信以外の何物でもないように見えますが、中にはそうとも言い切れないものもあるようです。「テンプラとスイカ」を一緒に食べてはいけないとの戒《いまし》めは、スイカの低温で胃の活動が低下し、テンプラの脂肪が消化されにくくなるという理由だそうです。

## ⚠薬との食べ合わせ

薬は食品ではありませんから、「食べ合わせ」という表現は当たらないかもしれませんが、薬の中には特定の食品とは一緒に飲まない方がよいだろうと思われるものがあります。その主な物を次の表にまとめました。

「お酒と薬は一緒に飲まない」方がよいというのは常識だと思います。お酒に含まれるエタノールは胃や腸の活動を活発にします。これが洋食でアペリチーフ（食前酒）を飲む理由です。しかし、この状態で薬を飲んだら、薬の吸収が速まります。薬の効果が速く出過ぎて過激な症状が出ることは明らかです。

●薬と食べ物・飲み物による影響

| 食べ物・飲み物 | 影響が考えられる薬 | 体への影響・薬の相互作用 |
|---|---|---|
| 牛乳 | 抗生物質・骨粗しょう症 | 薬効を弱める |
| | 便秘薬（腸溶製剤） | 胃にむかつきなどの副作用がでやすい、薬効を弱める |
| グレープフルーツ | 高血圧・心臓病・偏頭痛・脂質異常症・睡眠薬など | 酵素の働きを邪魔するため、薬効が強まる |
| コーヒー・紅茶（カフェイン） | 解熱鎮痛薬・かぜ薬（カフェインを含むもの） | カフェインのとり過ぎで頭痛が起こる可能性がある |
| 納豆・クロレラ（ビタミンK） | 抗血栓剤（ワルファリン） | ビタミンKには血液を固める作用があるため、薬効を弱める |

SECTION 16

# お茶が胃腸薬や風邪薬を無効にする

お茶は日本人にとって一般的な飲み物です。水やお湯の感覚で飲む人もいるようです。中には薬もお茶で飲むという人がいるかもしれません。でも待ってください。お茶には意外な働きがあるのです。

## ⚠お茶

お茶は、お茶という樹木の若葉から作ります。摘んだお茶の葉を放置すると酵素によって発酵します。ゆるく発酵させるとウーロン茶などになり、きつく発酵させると紅茶になります。

発酵させないために若葉を高温で蒸し、その後、揉んで乾燥したものが煎茶や玉露などの緑茶です。これを粉に挽いた物が抹茶です。茎などの部分で作ったものが番茶です。煎茶や番茶を加熱して焦がしたものがほうじ茶です。

お茶にはカフェインが含まれています。カフェインは覚せい作用や利尿作用がありますが、大量に摂ると副作用として不眠やめまいが生じます。そして減量あるいは中止による離脱症状として、頭痛、集中力欠如、疲労感、不眠、痛みなどが生じることもあります。

お茶にはテアニンという成分も含まれていますが、これにはカフェインの効果を抑制する働きがあります。お茶に含まれるカフェインの効果をお茶自身が抑制しているようです。お茶のもう一つの主要な成分はタンニンです。これはポリフェノールの一種ですが鉄イオンと反応して不溶性のタンニン鉄に変化します。

●カフェインとテアニン

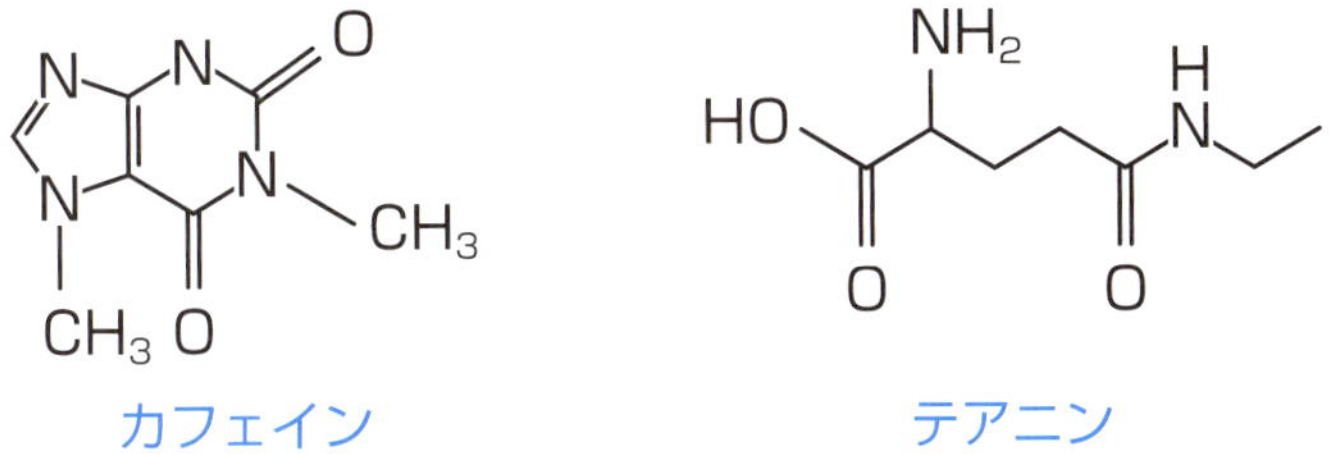


カフェイン　　テアニン

## ⚠カフェインの作用

お茶と胃腸薬（$H_2$ブロッカー入り）を一緒に飲むと、体内からのカフェインの排泄が遅れ、「心臓がドキドキ」したり「気持ちがイライラ」したり、場合によっては「全身に痙攣」が起こることがあるといいます。

一方、頭痛薬、風邪薬には、カフェインが含まれていますが、お茶の成分であるテアニンによって薬の効果が減少してしまいます。

## ⚠タンニンの作用

貧血予防薬や治療薬には、鉄イオンが含まれています。このような薬をお茶と一緒に飲んだら鉄イオンが不溶性のタンニン鉄に変化します。こうなったら消化吸収は望めません。せっかくの貧血の薬が無駄になります。貧血予防のためのサプリメントにとっても同様です。

SECTION 17

# グレープフルーツとカルシウム拮抗剤はいっしょに摂ると危険

前の項目で見たように、薬と食品には「食べ合わせ」の妙があるようですが、中には「妙」どころでは済まない組み合わせの例もあるようです。

グレープフルーツは、ミカンの仲間ですが、果実のなり方が変わっています。ミカンは木の枝の先端に1個ずつなりますが、グレープフルーツは、あんなに大きいのに、まるで葡萄(グレープ)のように房状になるのです。

ビタミンCなどが多いので健康食品の優等生

●グレープフルーツ

のようにいわれるグレープフルーツですが、とんでもない面倒を起こすことが知られています。それはカルシウム拮抗《きっこう》剤という、かなり特殊で、しかもその薬剤のお世話になっている患者さんにとっては重要な薬剤との関係においてです。

## ⚠カルシウム拮抗剤

カルシウム拮抗剤は、人間の体を作る何種類かの筋肉のうち、血管を作る平滑筋に作用する薬剤です。すなわち、平滑筋にあるカルシウムイオンの出入りを調節するカルシウムチャネルの機能を阻害(拮抗)するのです。

平滑筋においてカルシウムイオンの濃度は、筋肉の弛緩作用を決定します。したがってその濃度を決定するカルシウム拮抗剤は、血管の拡張、縮小を左右することになります。当然、この薬剤の適用症例としては高血圧、狭心症があげられます。

## ⚠グレープフルーツの作用

グレープフルーツは、カルシウム拮抗剤の作用に影響するのです。グレープフルーツは、この薬剤の作用を妨害するのではありません。むしろ助けるのです。つまり、薬剤の効果が効きすぎるので、その結果、副作用が出てしまうのです。

なぜかといえば、カルシウム拮抗剤は小腸から吸収されるのですが、小腸にはそれを阻害する悪者《ワルモノ》酵素がいるのです。ところが、グレープフルーツは、この悪者酵素の働きを阻害するのです。

簡単にいえば〝敵の敵は味方〟ということで、グレープフルーツを食べるとカルシウム拮抗剤は体内に吸収されます。ところがここで「過ぎたるは及ばざるが如し」ということになってしまうのです。つまり、結果的に摂取過剰となって、副作用が現われるのです。副作用の主な結果は貧血です。

現代の薬剤の効果は強力です。しかも、人体の化学物質に対する反応は鋭敏です。鋭敏というのは量の問題だけではありません。同じ薬が、ある症状に対してはプラスに働きます。しかし、ある症状に対してはマイナスに働きます。この傾向は特に向高精神薬、つまり、うつ病などの精神疾患に使われる薬剤に多いといいます。最近の薬は「頼もしい」と同時に「恐ろしい」のです。

SECTION 18

# 抗血栓剤と他の薬の飲み合わせは要注意

薬剤と食品の食べ合わせが起これば当然のことですが、薬剤と薬剤の飲み合わせも起こります。抗血栓剤（ワルファリン）はそのようなことが起こる薬として医師の間でよく知られています。

## ⚠抗血栓剤（ワルファリン）

血管内で血液が固まり、血流を止めてしまったものを「血栓」、その様な症状を「血栓症」といいます。また、血栓が血液に乗って流れ出し、その先の血管を塞いでしまうのを「塞栓《そくせん》」といいます。

一般的な病名では、脳梗塞や心筋梗塞が典型的なものです。血管が詰まってしまうので、その先の組織が障害を受け、機能を失ってしまいます。

ワルファリンは抗血栓剤です。これは血栓をできにくくする、つまり、血液が固まるのを予防する薬剤です。ですから脳卒中や心筋梗塞の治療に用いられます。また、塞栓によって起こる各種の病気に対する予防薬としても優れた効果を持つことが知られています。

## ⚠ワルファリンの飲み合わせ

血液が固まるのはプロトロンビンなど血液凝固因子の働きによるものです。そしてプロトロンビンの合成に欠かせないのがビタミンKです。ワルファリンはこのビタミンKの働きを阻害するのです。そのため、ワルファリンはビタミンK拮抗薬とも呼ばれます。

したがって当然の話として、ビタミンKを含む薬剤や食物を一緒に食べたらワルファリンの効果が落ちて塞栓ができる恐れがあるといいます。そのようなものとしては、ビタミンKの他に、骨粗しょう症の治療薬であるグラケーがあげられます。

また、ビタミンKをたくさん含む食品との食べ合わせもよくありません。このような食品としては、納豆、クロレラがあげられます。また利尿作用があるといわれるセイヨウオトギリソウ（セント・ジョーンズ・ワート）を含む健康食品もよくありません。黄緑色野菜の急な大量摂取も控えるべきといいます。

## ⚠アルコールの飲み合わせ

このように、病気の治療のために飲んだ薬が、他の薬剤や食品と合併することによって効果が薄れたり、更には他の病気の原因になったりすることは珍しいこ

●アルコール飲料

とではありません。医薬品は少量用いるから医薬品なのであり、「大量に用いたら毒物」であるということは常に心しておくべきことです。

他によくない飲み合わせには、いうまでもないことですが、アルコール飲料があります。インスリンや経口血糖降下薬といった糖尿病の治療薬は、アルコールと合食することで激しい副作用が生じたり、重篤な低血糖を招くことがあります。絶対に混食してはいけません。

またバルビツール酸系の鎮静剤や三環系抗うつ薬、抗ヒスタミン薬との合食は、中枢神経の活動を過度に抑制し、意識障害や呼吸困難に陥ることがあることが知られています。

SECTION 19

# ビタミンD前駆体が光によってビタミンDになる

## ビタミンの働き

生体は化学反応を行って生命を維持しています。複雑な生化学反応のシステムを円滑に行うためには、微量の特別な成分が必要になります。このような成分の中には、生体が自分の体内で生産できるものと、できないものがあります。人間が自分で作ることができる物を「ホルモン」といいます。それに対して、自分で作ることができず、食品として外界から摂り入れなければならないものを「ビタミン」といいます。

ビタミンには、ビタミンB、Cのように水に溶ける水溶性ビタミンと、A、D、E、Kのように水に溶けず、油に溶ける脂溶性ビタミンがあります。水溶性ビタミンは過剰に摂取しても水に溶けてオシッコとして体外に排出されます。したがって過剰摂取の問題はありません。しかし脂溶性ビタミンは体内に残るので、過剰に摂ると害が出る場合があります。これが過剰摂取です。

## ⚠ビタミンDの働き

ビタミンDは、カルシウムやリンなどのミネラルの吸収を助け、血液中のカルシウム濃度を、一定に保つ働きをします。カルシウムは、骨や歯を作るだけでなく、神経伝達や筋肉の収縮などを調整しています。

ビタミンDには、ビタミン$D_2$(エルゴカルシフェロール)と$D_3$(コレカルシフェロール)の2種類があります。どちらのビタミンDも、食品からの摂取と生体内での合成の2つの方法で供給されています。生体内での合成は、ビタミンD前駆体が紫外線の照射によってビタミンDに変化するのです。すなわち、ビタミン$D_2$は植物に存在するエルゴステロールから生成され、ビタミン$D_3$は動物の皮膚に存在する7-デヒドロコレステロール(7-DHC)から生成されます。そのため、日光浴の必要性がいわれるのです。

## ⚠ビタミンD過剰症

このように重要なビタミンDですが、過剰になると問題を起こします。短期的に過剰摂取すると、骨からのカルシウムの動員が激しく起こり、血清中のカルシウムとリン酸濃度が高くなり、嘔吐、食欲不振、便秘、下痢、体重減少などが起こることがあります。ビタミンDを長期間、過剰摂取すると、血液中のカルシウム濃度が上昇して、血管の内壁や心臓、肺、胃、腎臓や筋肉へのカルシウムの沈着や軟組織の石灰化がおこります。

ビタミンDの過剰摂取で特に問題になるのが、腎臓にカルシウムが大量に沈着した場合です。この場合は、尿毒症をおこして、体調が非常に悪化し、ひどいときは、命に関わる状態になるので、ビタミンDの摂り過ぎは注意が必要です。

ただし、食品・食材に含まれるビタミンD含有量はそれほど多いわけではありません。極端な偏食をしないかぎり、問題になるような過剰摂取は、ないと考えてよいでしょう。

SECTION 20

# スクロース（合成甘味料）が塩素を発生する

現代では甘いものといえば砂糖（ショ糖、スクロース）を指すのが一般的です。しかし、甘いものは砂糖だけではありません。果実が甘いのはブドウ糖（グルコース）や果糖（フルクトース）によるものです。水あめが甘いのは麦芽糖（マルトース）によるものです。

## ⚠人工甘味料

甘い物は、このような天然由来のものだけではありません。人工的に作り出した化学物質で甘い物もたくさんあります。これらは一般に「人工甘味料」といわれますが、その典型は「サッカリン」でしょう。

サッカリンは1878年に開発された物質ですが、砂糖の200～700倍も甘いといいます。一時、発ガン性が疑われたこともありましたが、その疑いも晴れ、現在ではカロリーゼロの甘味料として、糖尿病患者等の食事などに使われています。

しかし、人工甘味料の中には危険な物もあります。「ズルチン」は、砂糖の250倍甘い物質として広く用いられましたが、大量に摂取して死亡に繋がる事故が起きたり、発ガン性が認められたため、現在では使用禁止物質になっています。

人工甘味料の研究は現在も続けられ、新しいものが次々と開発されています。目下のところ、最も甘いといわれるのは「ラグドゥネーム」であり、砂糖の30万倍という驚異的な甘さを持ちますが、まだ実用化はされていません。

●サッカリンとズルチン

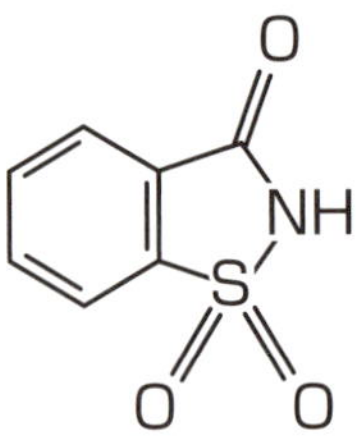


サッカリン

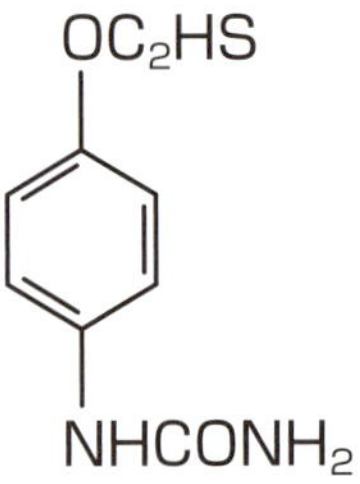


ズルチン

## ⚠スクラロース

そのような中で、実用化にこぎつけた人工甘味料の一つがスクラロースです。これは砂糖の600倍の甘さを持つといわれ、開発されたのは1976年です。発見のいきさつが変わっており、学生が新物質を開発し、主任教授に電話したのだそうです。教授はその物質の性質をtest（調査）しておけと指示したのですが、学生はtaste（味見）と聞き間違って舐めてみたところ甘かったというわけです。もし毒物だったら大変なことになるところでした。

〝スクラロース〟という名前は〝スクロース（砂糖）〟に似ています。構造も砂糖にそっくりです。ただ、砂糖分子に8個あるヒドロキシ基（OH）のうち、3個が塩素原子Clに置き換わっているのです。つまり、

●ラグドゥネーム

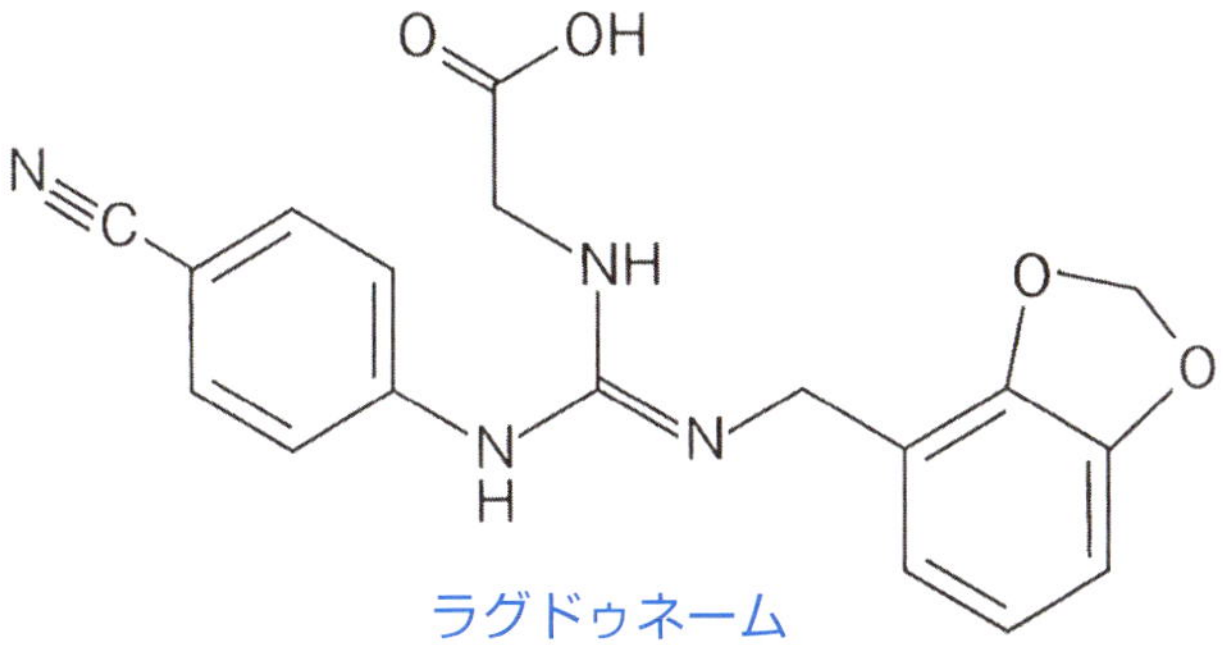


ラグドゥネーム

スクラロースは、有機塩素化合物です。

有機塩素化合物にはＤＤＴやＢＨＣなどの殺虫剤があり、いまも環境汚染物質として知られています。またスクラロースを１３８℃以上に加熱すると分解して塩素ガスを発生するといわれています。スクラロースは一般に市販はされていませんが、工業用としては市販されており、一部の飲料品には使用されているようです。

●スクロース（砂糖）

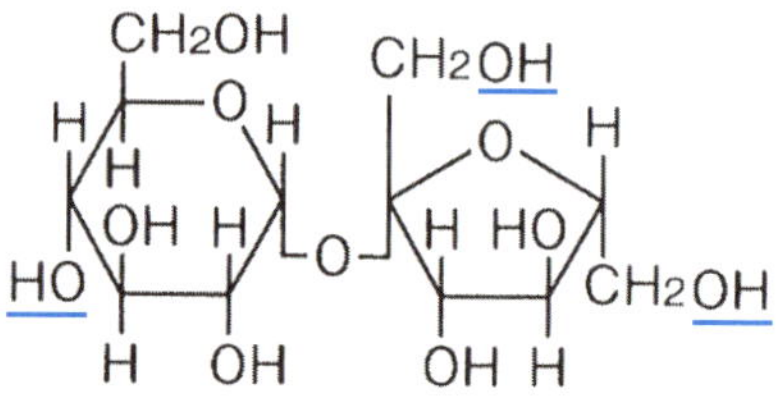


スクロース（砂糖）

●スクラロース

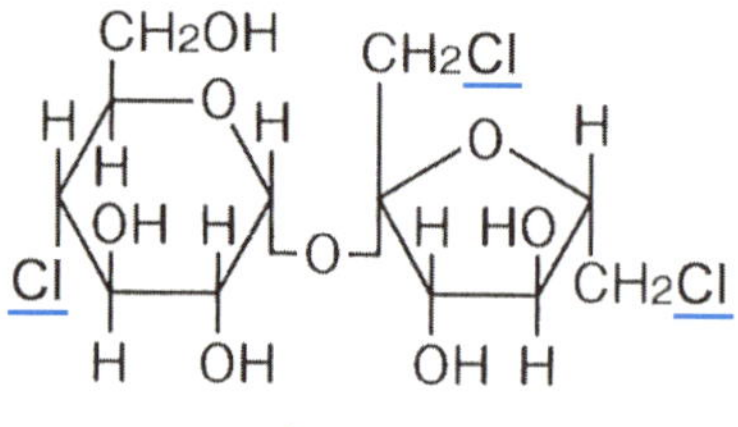


スクラロース

SECTION 21

# アスパルテームがフェニルケトン尿症を悪化させる

人工甘味料にはさまざまの物があり、当然、その分子構造も多様です。しかし、その中には、従来の甘味料に比べて異質な物もあります。それがアスパルテームです。これはアミノ酸2分子からできたジペプチドなのです。

## ⚠ アミノ酸

生物の体を構成する重要な物質にタンパク質があります。タンパク質は筋肉として体を作るだけでなく、各種の酵素として生体内で行われる生化学反応を支配し、生命維持に重要な役割をしています。

タンパク質はプラスチックなどの仲間であり、一般に高分子といわれるものです。

高分子というのは非常に大きな分子ですが、構造は単純です。それは幾種類かの単位分子といわれるものがたくさん繋がっただけだからです。

ポリエチレンを構成する単位分子はエチレン一種だけです。DNAは4種類の単位分子が適当な順序で繋がったもので、タンパク質も同じです。アミノ酸といわれる単位分子が適当な順序で適当な長さに繋がったものです。ただし、アミノ酸の種類は20種類と、他の高分子よりは多くなっています。

任意のアミノ酸が2個繋がったものを「ジペプチド」といい、たくさん繋がったものを「ポリペプチド」といいます。タンパク質はポリペプチドの一種ということができます。

## ⚠アスパルテーム

アスパルテームは、1965年に発見されたもので、砂糖の200倍甘いといいます。アスパルテームが発見されたとき、多くの化学者を驚かせたのは、その構造がジペプチドということでした。

それまでは一般的に〝甘い物＝糖＝炭水化物〟というイメージだったのですが、これは〝甘い物＝タンパク質〟というようなニュアンスに聞こえたのです。

アスパルテームは、フェニルアラニンとアスパラギン酸という二種のアミノ酸が繋がったものでした。この二種のアミノ酸は、20種類のアミノ酸の中でも人間が自分で作り出すことができず、外部から食品として摂り入れなければならない必須アミノ酸でした。

タンパク質を食べると胃酸で分解されてアミノ酸になって吸収されます。アスパルテームも同様です。体内に入ると

●アスパルテーム

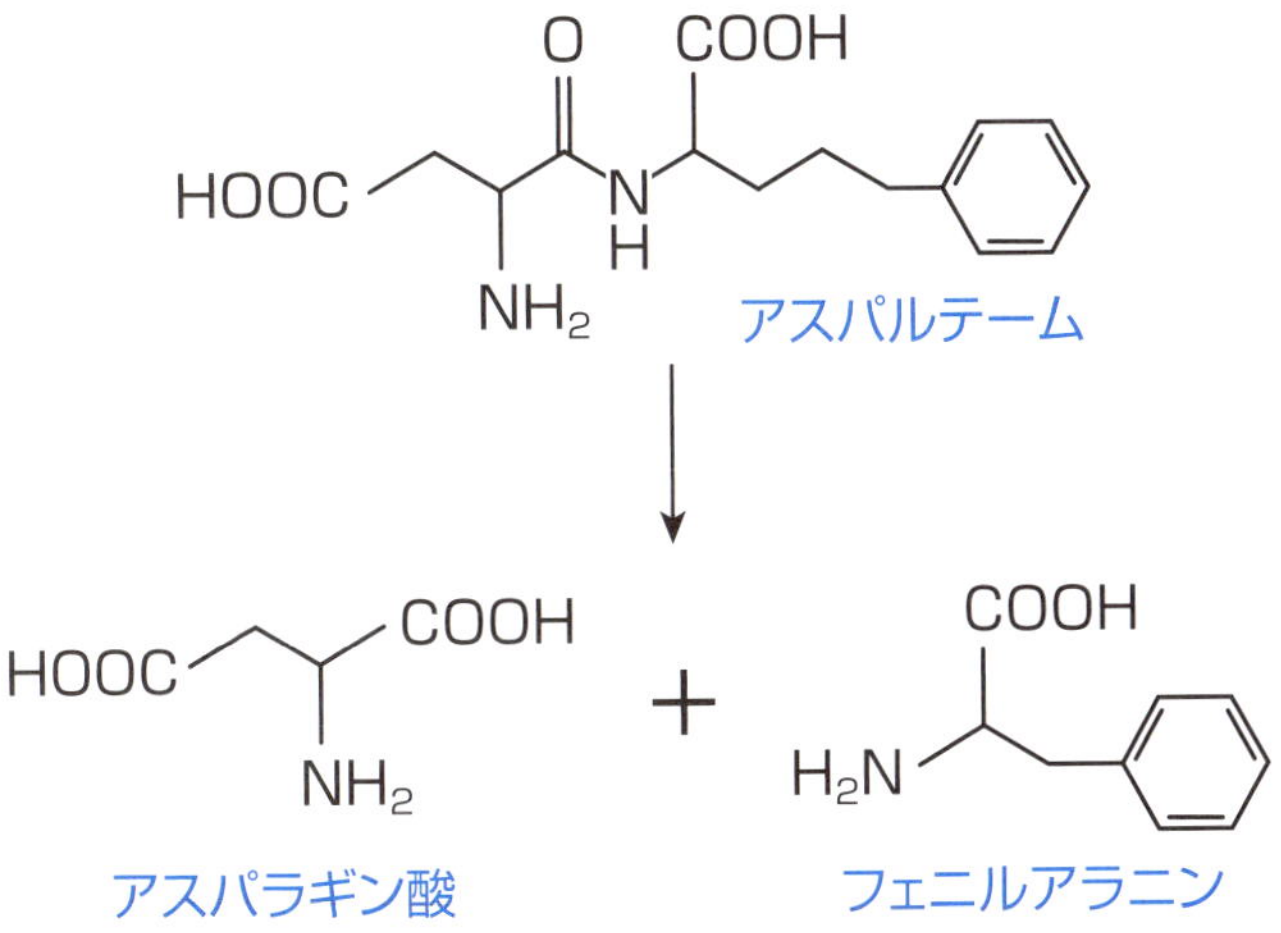

フェニルアラニンとアスパラギン酸に分解します。

## ⚠フェニルケトン尿症

アスパルテームは、フェニルケトン尿症という病気の人には害になることが知られています。この病気は、フェニルアラニンから非必須アミノ酸のチロシンを作る酵素が生まれつき欠損している遺伝病です。したがって、食事中のフェニルアラニン量をコントロールしないと、余剰のフェニルアラニンがチロシンではなくフェニルピルビン酸などの物質に変換されてしまいます。そして、これらが他のアミノ酸の細胞内への輸送を阻害してしまうことにより、さまざまな悪影響を及ぼすことになるのです。

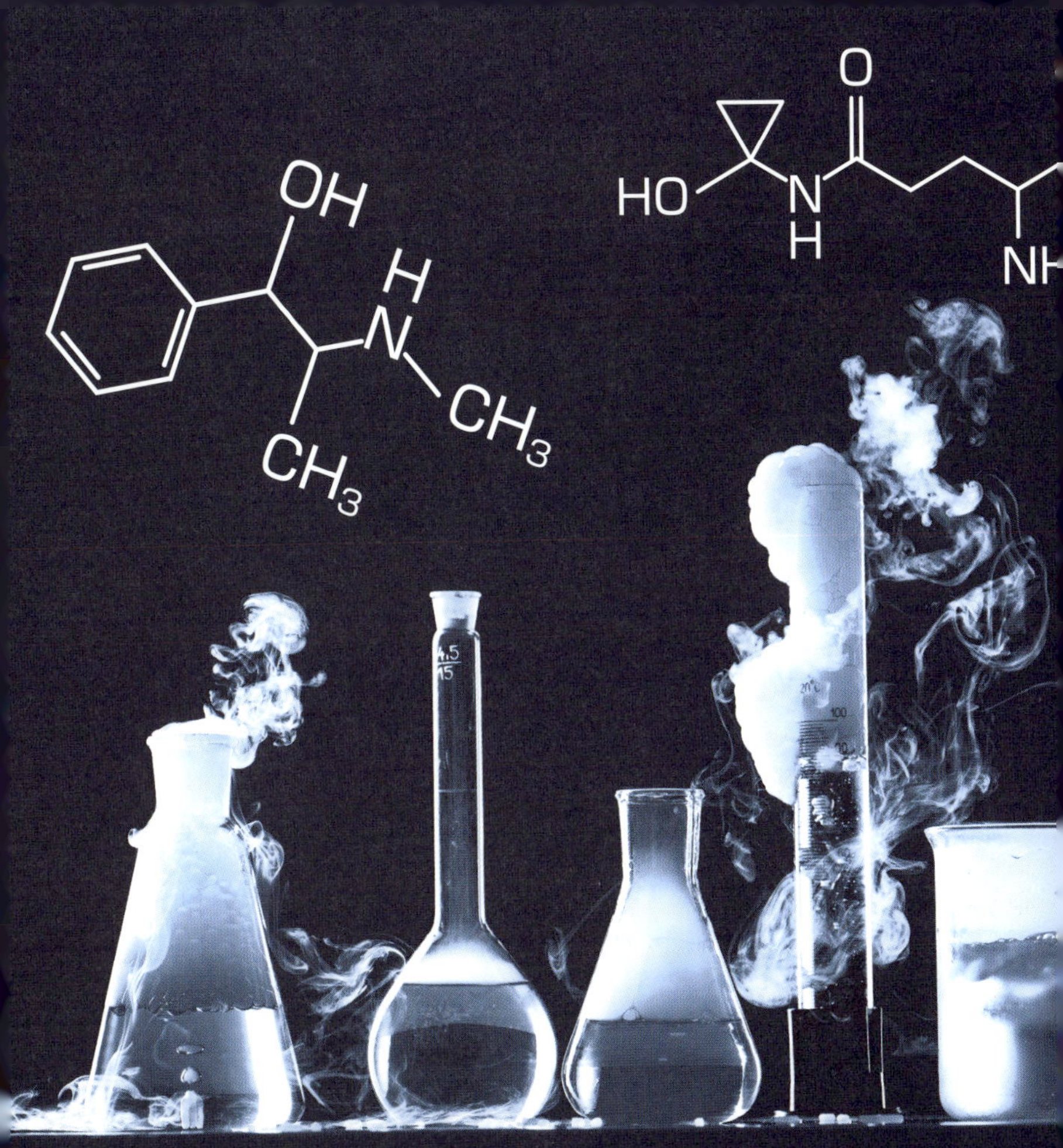


# Chapter. 3
# 飲食物で起こる反応

SECTION 22

# エタノールは酸化されてアセトアルデヒドになる

エタノールは構造式が$CH_3CH_2-OH$という簡単なものですが、人間に与える影響はかなり強烈です。少し飲んだだけで顔が赤くなり、動機が激しくなり、饒舌になったり無口になったりと、人格が変動します。たくさん飲んだら酩酊状態となり、前後不覚になって、ひどい場合には命を落とします。

## ⚠お酒とエタノール

酒類には日本酒やワインのように醸造したばかりの醸造酒や、焼酎・ウイスキー・ブランデーのように醸造酒を蒸留した蒸留酒、梅酒のように蒸留酒に果実をつけこんだ浸出酒（リキュール）など、多くの種類がありますが、必ず含んでいるのがエタノールです。

酒類に含まれるエタノールの量は度数で表されますが、これはエタノールの体積%を表します。強いものではテキーラやアブサンなどのように90%を超える強者もありますが、ウイスキー、ブランデーで45%、焼酎で25%、日本酒で15%、ワインが10%、ビールが5%という程度です。

## ⚠ エタノールの体内反応

酒を飲むと、胃に酒が入ります。すると酒の中のエタノールが吸収されます。エタノールは胃からも吸収されます。吸収されて血液に混じったエタノールは、血液中にあるアルコール酸化酵素(アルコールデヒドロゲナーゼ)によって酸化されてアセトアルデヒド$CH_3$-CHOになります。

実はこれが有毒物質であり、二日酔いのもとになっている物質

●エタノールの体内反応

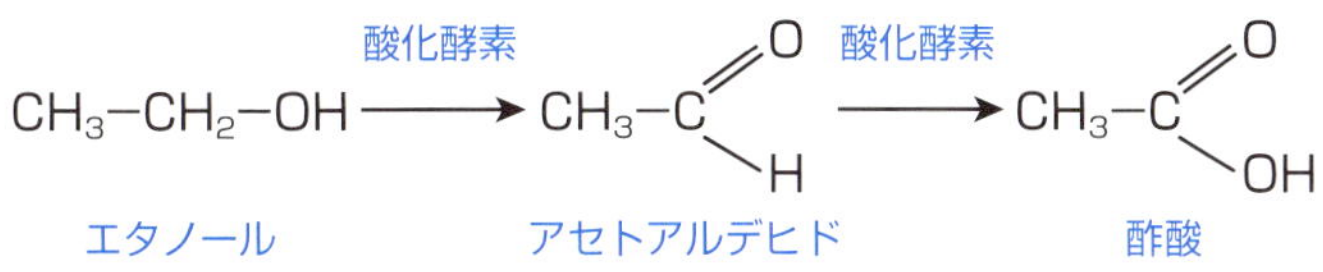

なのです。しかし、ありがたいことに、血液中にはアルデヒド酸化酵素（アルデヒドデヒドロゲナーゼ）が入っており、これがアセトアルデヒドを酸化して無毒の酢酸$CH_3$-COOHに変えてくれるのです。その結果、私たちは苦しい二日酔いにならずに済むのです。

しかし、アルデヒド酸化酵素の量は遺伝によって決まるといいます。ご両親がお酒に弱い方は、酵素が少ない可能性がありますから、あまり大量のお酒は飲まない方が賢明でしょう。このような方にお酒を無理強いするのもいけないことです。

飲めない人も、訓練すると飲めるようになるということもあるようですが、これはお酒を分解するバイパスができるためだそうです。しかし、これを重ねると肝硬変になる恐れがあるといいますから注意が必要です。

お酒は一気に大量に飲むと命を奪う毒になりますが、毎日少量ずつ飲めば命を延ばす「百薬の長」になるという説もあります。

SECTION 23

# メタノールは酸化されて毒物のホルムアルデヒドになる

外国では、メタノール入りのお酒を飲んで10人単位の人が亡くなるという事件がたまに起きます。日本でも戦後の一時期には、メタノール入りの不法酒が出回り、それを飲むと少量なら目がつぶれ、大量なら命を落とすといわれました。メタノールとは一体何でしょう？　それが体内に入るとどうなるのでしょうか？

## ⚠ メタノールとエタノール

メタノールの構造式は、$CH_3$-OHで、エタノール$CH_3CH_2$-OHと似ており、化学的な性質もよく似ています。メタノールは、有機物を溶かす力が強いので、洗剤やシンナー（希薄剤）として使われます。

エタノールは飲料になるので酒税が掛かり、価格が高いです。しかし、メタノールは飲料にならないので酒税は掛かっていません。そのため、外国では一部の悪徳商人が合成酒を作るときにエタノールの代わりに安いメタノールを使ってボロ儲けを企むというわけです。

## ⚠メタノールの有害性

メタノールを飲んだ場合の体内での変化はエタノールと同じです。酸化酵素によって酸化され、ホルムアルデヒドH-CHOを経て蟻酸H-COOHになります。ところがこのホルムアルデヒドと蟻酸が強烈な害を持つのです。ホルムアルデヒドは、ある種の建材や接着剤に含まれるので、それが空気中に沁みだして、シックハウス症候群の原因になります。このような物が体内で発生したら、タダで済むはずがありません。命も危なくなるでしょう。それにしても、なぜ最初に目がやられるのでしょうか?

それは、目の周囲には酸化酵素が多いからです。というのは、目の周囲では酸化反応が重要になっているのです。ビタミンAが目に大切なことはよく知られています。

ビタミンAを取るためには、カロテンを含む有色野菜を食べるとよいといいますが、それは、カロテンが体内で酸化分解されるとビタミンAになるからです。

このビタミンAは、さらに酸化されてレチナールというアルデヒド誘導体になります。レチナールは視覚分子といわれるほど視覚にとって重要な働きをする分子です。レチナールは光が当たることによって立体構造を構造変化します。この分子構造の変化を周囲のタンパク質が感知し、その情報を脳に伝えるというのが視覚の概要です。

このようなことから、目の周囲には酸化酵素が多く、そのためにメタノールを摂取するとホルムアルデヒド、蟻酸という有毒物質が目の周囲に優先的に生じるのです。

● メタノールの体内での変化

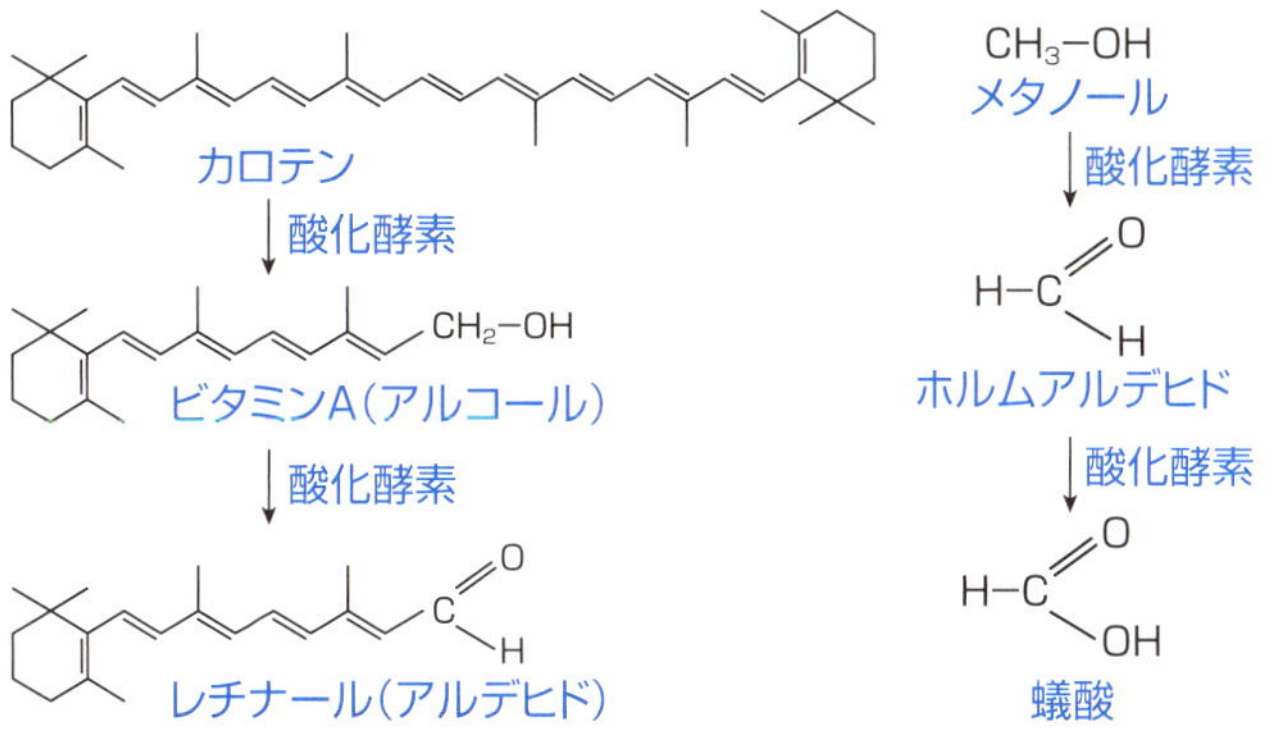

SECTION 24

# ヒトヨタケで起こる強烈二日酔

## ⚠毒キノコ

毒キノコは昔から恐れられていました。しかし、キノコに毒があるかどうかは外見からは、なかなかわかりません。そこで、「①縦に裂けるキノコは大丈夫」「②銀のカンザシを挿して色が変わらなければ大丈夫」などといわれたようでした。

①は全くのでたらめです。何の根拠もありません。②は硫黄分の有無を見るのには役立つでしょうが、キノコの毒と硫黄は関係ありませんから、この識別法も全く役に立ちません。

したがって毒キノコの識別はよく知っている人に聞く以外は無いことになります。しかし、この「よく知っている人」というのが問題で、土地の人の場合、キノコを塩漬けにして半年ほど寝かして食べることがあります。このようにすると毒成分が加水分解されて無毒化する可能性があります。

　このようなキノコでも、土地の人にとっては食べることのできるキノコということになります。それを知らずに、採ったばかりのものを煮たり焼いたりして食べると、食中毒ということになりかねません。充分な注意が必要です。

## ⚠ヒトヨタケの毒

　キノコの食中毒の症状はさまざまです。食べるとすぐ症状が出るものもありますが、ドクササコというキノコの場合には、潜伏期間が長い場合、1週間もあります。しかも発症したら末端紅痛症という名前の通り、

●ヒトヨタケ

©Rob Hille

四肢や男性陰部など、体の末端が赤く腫れあがってやけ火箸を当てられたような痛みが出るといいます。

その痛みが長い場合には1カ月も続くので患者は眠ることもできず、衰弱して命を落とすこともあるといいます。

ヒトヨタケは変わったキノコです。食べると美味しいのだそうです。家族で美味しく食べた後、異変が起こるのは、お酒を飲んだお父さんだけです。強度の二日酔状態になるのです。ヒトヨタケは体内のアルデヒド酸化酵素の働きを阻害するのです。

この結果は、エタノールの体内反応で解説した通りで、いつまでもアセトアルデヒドが体内に残り、強烈な二日酔状態が続くことになるのです。

この苦しみも4時間ほど経つと消えるといいますが、しかし、この毒は体内に残り続けます。翌晩また晩酌をするとまた強烈な二日酔ということになります。

●ヒトヨタケの毒成分(コプリン)

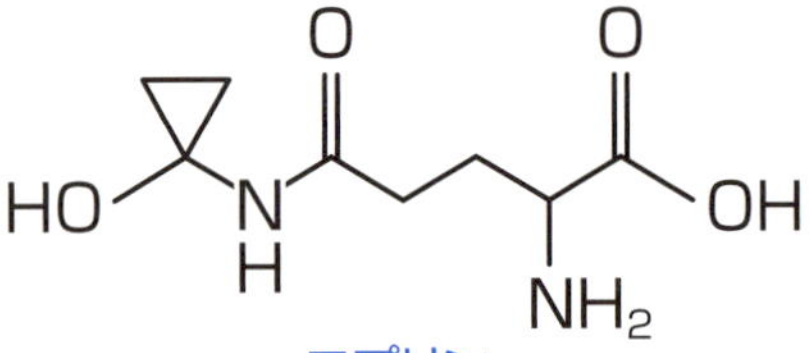


コプリン

SECTION 25

# ヘモグロビンに作用して呼吸を止める

私たちは酸素という気体を吸って生きています。これを「呼吸」といいます。ところがある種の物質は呼吸を阻害します。このような毒を「呼吸毒」といいます。

## ⚠呼吸について

呼吸とは、横隔膜を動かして空気を吸ったり吐いたりすることを一般にいいます。しかし、生化学的に呼吸という場合には、筋肉運動によって吸い込んだ空気中の「酸素を細胞に届ける」、つまり肺と細胞の間の酸素運搬のことをいいます。

呼吸毒というのは、この「酸素運搬を阻害する物質」のことをいうのです。横隔膜の運動を阻害する物質ではありません。

肺にやってきた酸素を細胞に運搬するのは、赤血球中にある酸素運搬タンパク質である「ヘモグロビン」です。

ヘモグロビンは「ヘム」という化学物質をタンパク質が取り囲んだものです。ヘムは鉄イオン（$Fe^{2+}$）の周りをポルフィリンという環状化合物が取り囲んだ構造になっています。

酸素は、この鉄イオンに結合します。ヘモグロビンは肺で酸素と結合した後、血流に乗って細胞に行き、そこで酸素を渡して空身になって肺に戻り、また酸素と結合します。これを何回も繰り返すことによって細胞に酸素を供給しているのです。

●ヘモグロビン

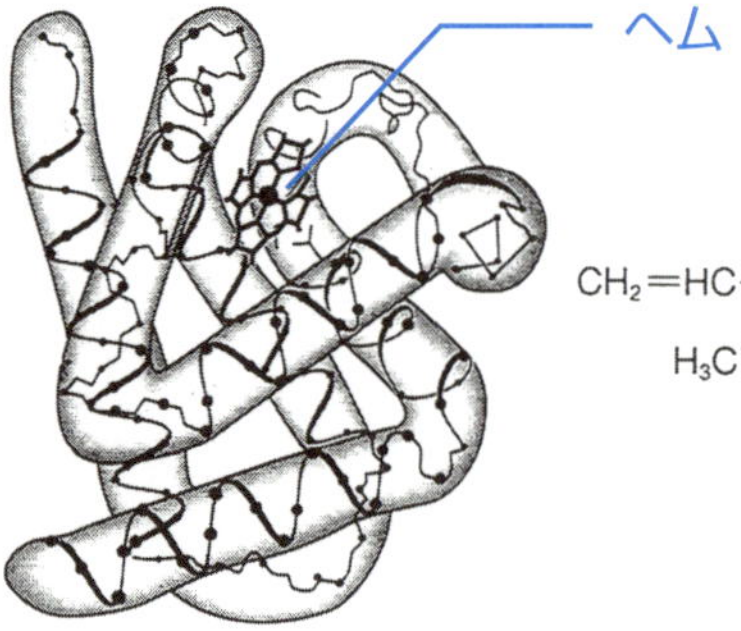

ヘモグロビン

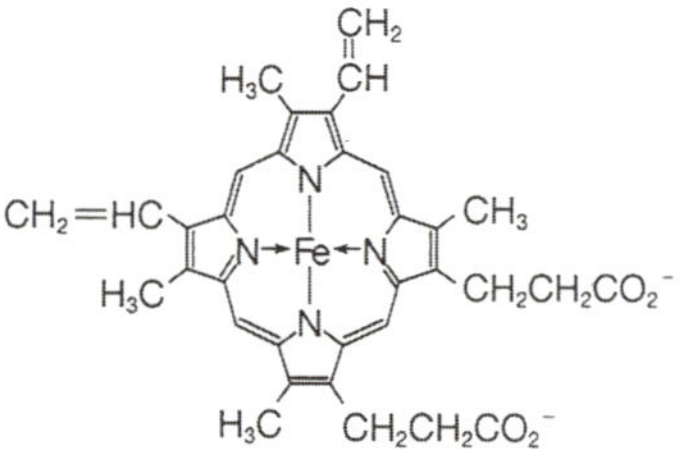

ヘム

## ⚠呼吸毒の働き

ところが、一酸化炭素CO、硫化水素$H_2S$、あるいは青酸カリ(正式名：シアン化カリウム)KCNから発生した青酸ガス(正式名：シアン化水素)HCNなどもヘモグロビンと結合するのです。ところが、これらは一度結合したら最後、離れようとしません。そのため、ヘモグロビンは酸素運搬ができなくなります。すなわち、生体は呼吸ができなくなって死に至るのです。

呼吸は複雑なシステムであり、幾つかの酵素によって支えられています。この酵素にも鉄が入っていますが、呼吸毒は、この鉄にも結合して働きを阻害するのです。

●呼吸

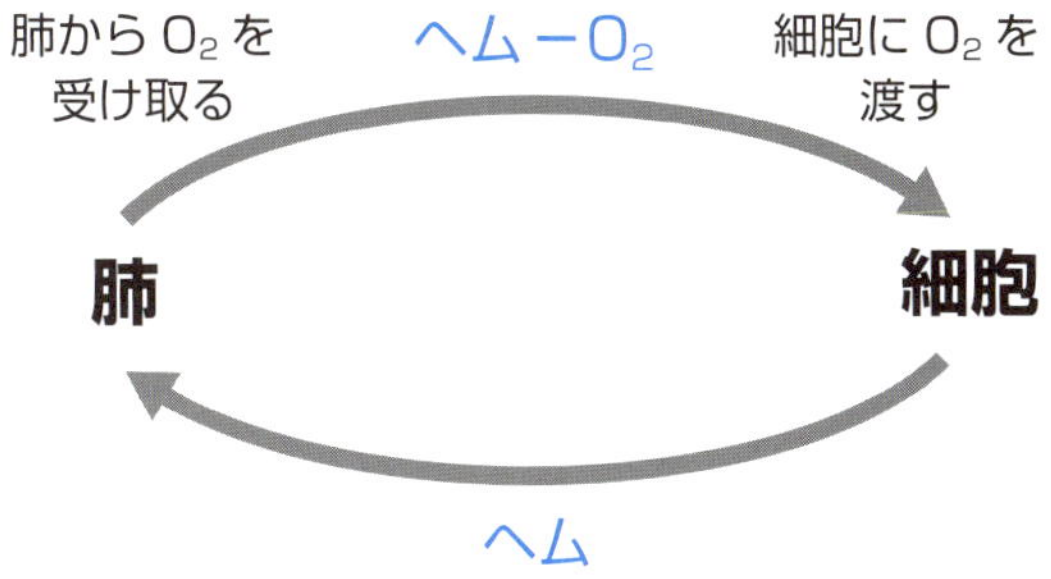

SECTION 26

# 神経細胞内の情報伝達を阻害する

毒物は化学物質です。毒物が体に与える影響も結局は、化学反応を通じてのことになります。しかし、神経系に作用する毒物は化学反応というよりは、神経細胞内の化学物質の働きを遠隔操縦するような作用によって毒として働きます。

## ⚠ 神経伝達機構

脳の指令が指先に届くので、指は動きます。脳の指令は神経細胞という長い細胞を通じて指に届きます。しかし、いくら長い神経細胞でも脳と指先を直結できるほど長いものはありません。何本もの神経細胞を経由して指令が届きます。

次の図は、2本の神経細胞の連続です。神経細胞は大きな細胞体と細長い軸索からできています。細胞体には樹状突起、軸索には軸索末端という細い根のようなものが着いています。神経細胞の接合部では樹状突起と軸索末端が絡み合うように接しています。この部分を「シナプス」といいます。

脳から出た指令は樹状突起、細胞体を経て軸索に伝わります。軸索にはチャネルといわれる門がたくさんあります。情報が来ると、このチャネルからカリウムイオン$K^+$が細胞外に出て、代わりにナトリウムイオン$Na^+$が入ってきます。情報が通過すると両イオンはチャネルを通じて入れ替わって、元の状態に戻ります。

このようにして情報は神経細胞内を伝わります。神経細胞間の情報伝達は次の項目で解説することにしましょう。

●神経細胞

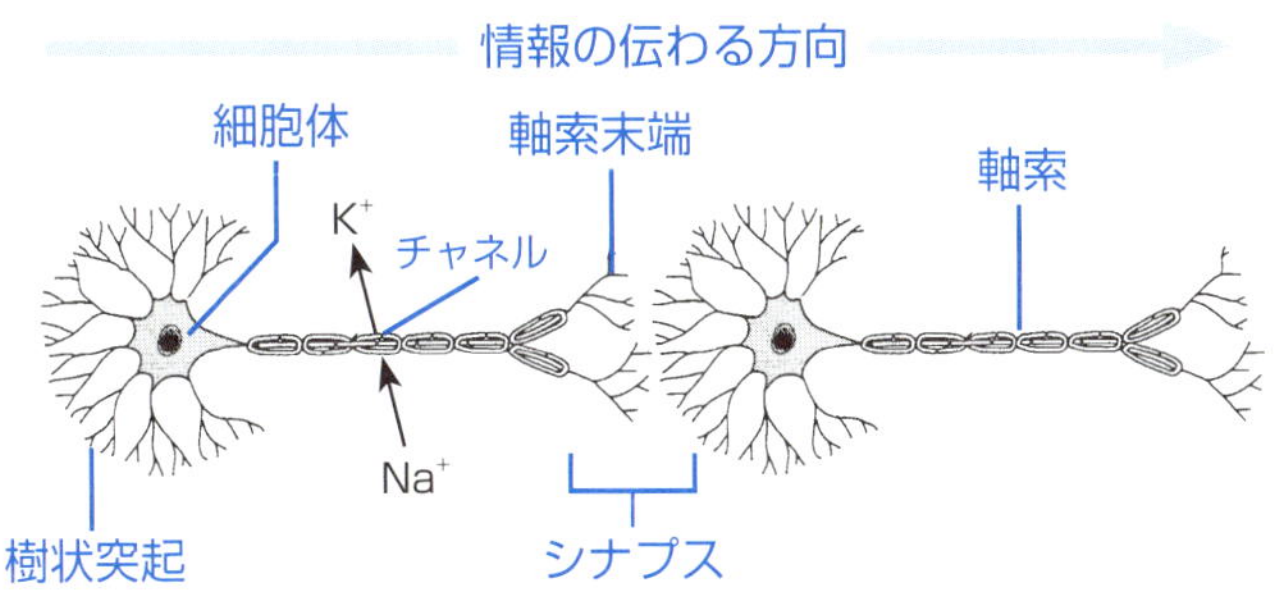

## ⚠フグ毒とトリカブト毒

フグの毒は「テトロドトキシン」、トリカブトの毒は「アコニチン」といいます。どちらも、チャネルの開閉を阻害することによって神経伝達を阻止します。このような毒を一般に「神経毒」といいます。

しかし、フグ毒とトリカブト毒では、働きが全く逆になります。すなわち、フグ毒はチャネルの働きを阻害するのに対して、トリカブト毒はチャネルを活性化するのです。両方の毒を同時に与えたらどうなるかは興味がありますが、この場合には両方の毒の間で潰《つぶ》し合いが起こるようです。そして、残った方の毒が生体に作用するという、割とわかりやすい結果になるようです。

●テトロドトキシンとアコニチン

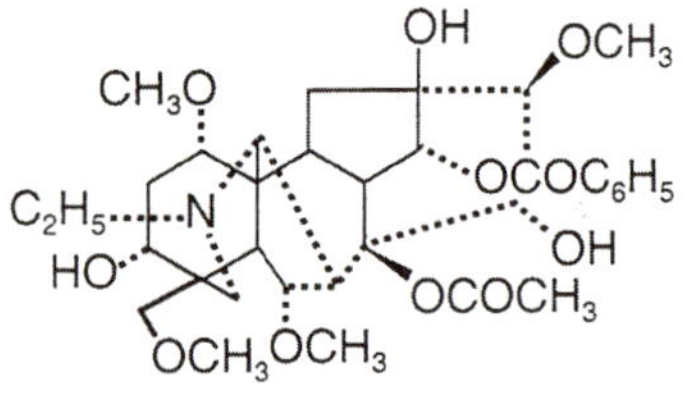


アコニチン

テトロドトキシン

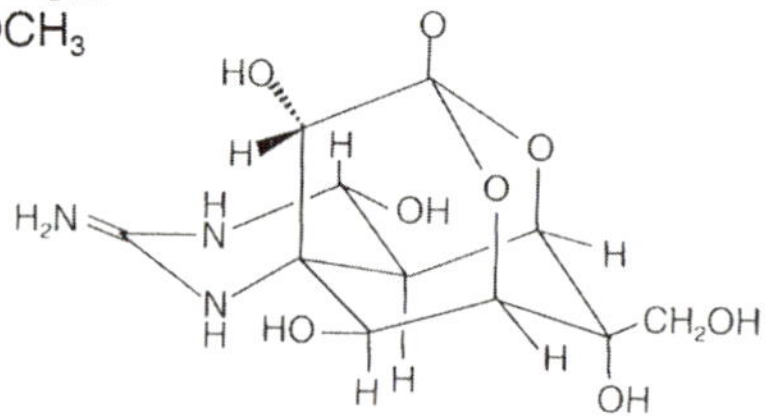

SECTION 27

# 神経細胞間の情報伝達を阻害する神経毒

神経毒にもさまざまあります。フグ毒やトリカブト毒は神経細胞内の情報伝達を阻害しましたが、リン系の殺虫剤やサリンなどの化学兵器は神経細胞の間の情報伝達を阻害します。

## ⚠ 神経細胞間の情報伝達

前の項目で見たように、神経細胞内の情報伝達はチャネルを通してのカリウムイオン、ナトリウムイオンの出入りによるものでした。これはいわばチャネルという電線を通しての伝達であり、電話連絡のようなものです。

それに対して神経細胞間には電線はありません。このような場合の連絡は手紙を用いなければなりません。この手紙の役割をするのがアセチルコリンやドーパミンなど、一般に神経伝達物質といわれるものです。

樹状突起を通じて細胞体に入った情報は、軸索を通って軸索末端に到達します。するとそこから神経伝達物質が放出されるのです。放出された神経伝達物質は、次の細胞の樹状突起にある受容体に結合します。これが刺激になって次の細胞が興奮し、情報が細胞内を伝わっていくのです。

しかし、神経伝達物質がいつまでも受容体に結合していたのでは細胞は興奮しっ放しになって、次の情報を受け取ることができません。そこで、神経伝達物質分解酵素が働いて神経伝達物質を受容体から除き、次の情報に備えるのです。

●神経細胞間の情報伝達

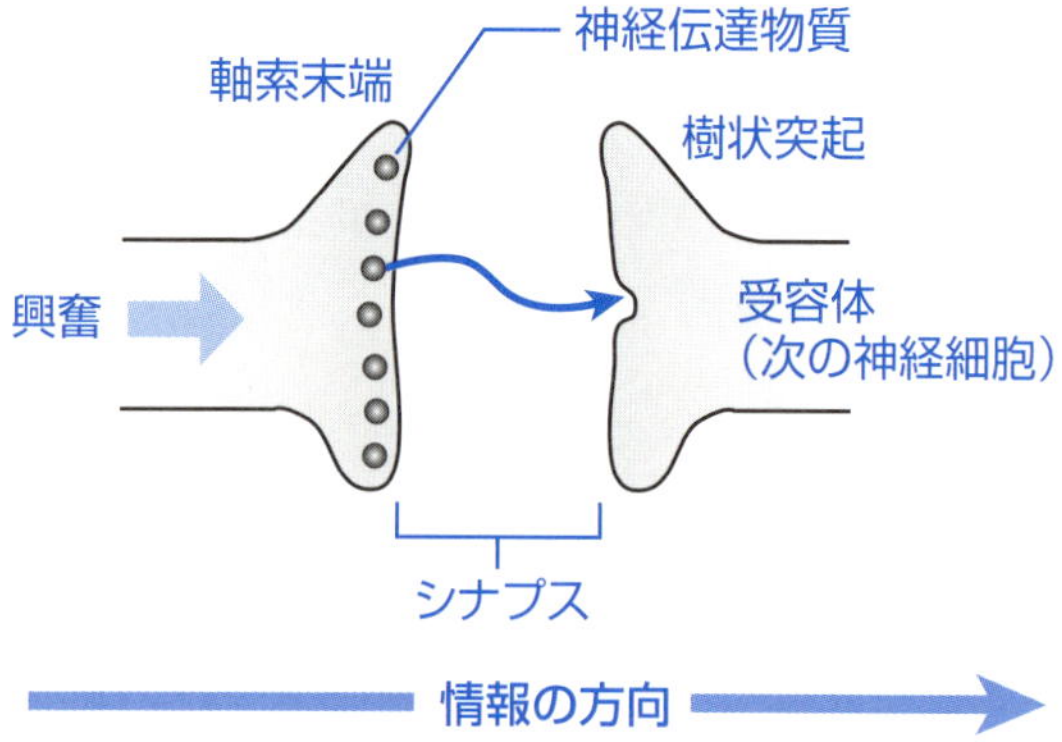

## ⚠リン系殺虫剤とサリンの毒性

化学式を見ればわかる通り、マラソン（乳剤）などのリン系の殺虫剤とサリンなどの化学兵器の構造はよく似ています。つまり、両方とも中心原子としてリンPを持っているのです。これらの毒物は、神経伝達物質分解酵素の働きを阻害します。つまり受容体に結合した神経伝達物質は、いつまでも結合したままなのです。そのため、神経伝達が行われなくなって生体は死に至ることになるのです。

昔の化学兵器（毒ガス）は塩素$Cl_2$やホスゲン$COCl_2$など、化学産業の原料が用いられましたが、現在の化学兵器であるサリン、ソマン、VXなどは、殺虫剤の研究から派生したものが大部分です。つまり、毒性が強すぎて殺虫剤として使えないものをさらに毒性を強めたものなのです。

●リン系殺虫剤とサリン

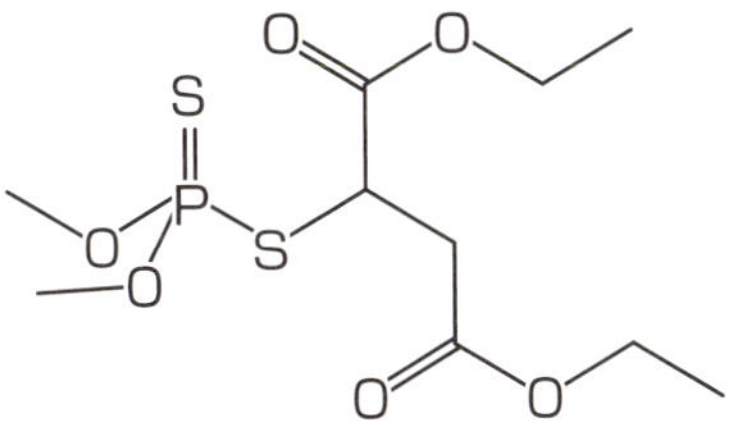

マラソン

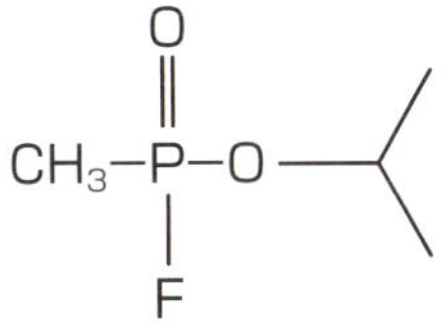

サリン

SECTION 28

# 麻薬は神経細胞のシナプスを異常にする

麻薬は恐ろしいものです。麻薬は体をボロボロにするだけではありません。神経と精神をも蝕んで、人間を廃人にしてしまいます。

## ⚠麻薬について

麻薬は植物のケシから採ります。ケシの花が散ると、ケシボーズと呼ばれる大きな実がなります。この青い実に傷をつけるとそこから樹液がにじみ出ます。これを集めて乾燥、固化したものを「アヘン」といいます。

昔、中国ではこのアヘンを燻《くゆ》らしてその煙を吸引する習慣がありました。吸引すると夢見心地になって幸福感に包まれるといいます。しかしやがて、疲労感が現れますが、アヘン吸引を止めることはできません。止めると苦しい禁断症状が出るのです。そのためズルズルと深みにはまり、抜け出せなくなってやがて廃人になってしまうのです。

アヘンの主成分はモルヒネとコデインです。どちらも同じような効き方をしますがモルヒネの方が強力なようです。そして、このモルヒネに無水酢酸を$(CH_3CO)_2O$を作用させるとヘロインになります。ヘロインは麻薬の女王といわれるほど効果が強力です。

## ⚠ 麻薬の作用

麻薬は脳の神経細胞に作用します。神経細胞の接合部、シナプスでは、前の項目で見たように軸索末端から神経伝達物質が放出されます。脳の場合には、この神経伝達物質はドーパミンです。ドーパミンは、神経細胞の受容部位に結合し、信号を送

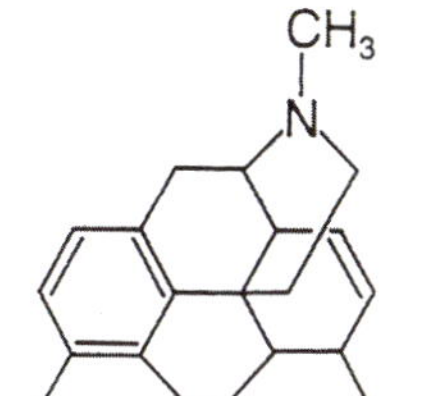


| | R | R' |
|---|---|---|
| モルヒネ | OH | OH |
| ヘロイン | $OCOCH_3$ | $OCOCH_3$ |
| コデイン | $OCH_3$ | OH |

ります。すると、受容部位から離れ、ドーパミントランスポーターという孔を通って元の軸索部位に戻ります。そして、次の信号が来るのを待つのです。ところが、麻薬などの薬物がやって来ると、薬物はこのトランスポーターを通って軸索末端に入り、ストックしてあるドーパミンを強制的に放出します。この結果、信号は増強され、それを受けて脳は異常に興奮するのです。

それだけではありません。シナプスにドーパミンが増えると、受容部位に結合できないドーパミンができます。こうなると統合失調症に見られるように緊張、興奮、さらには攻撃性が出てくるといいます。

●ドーパミンの働き

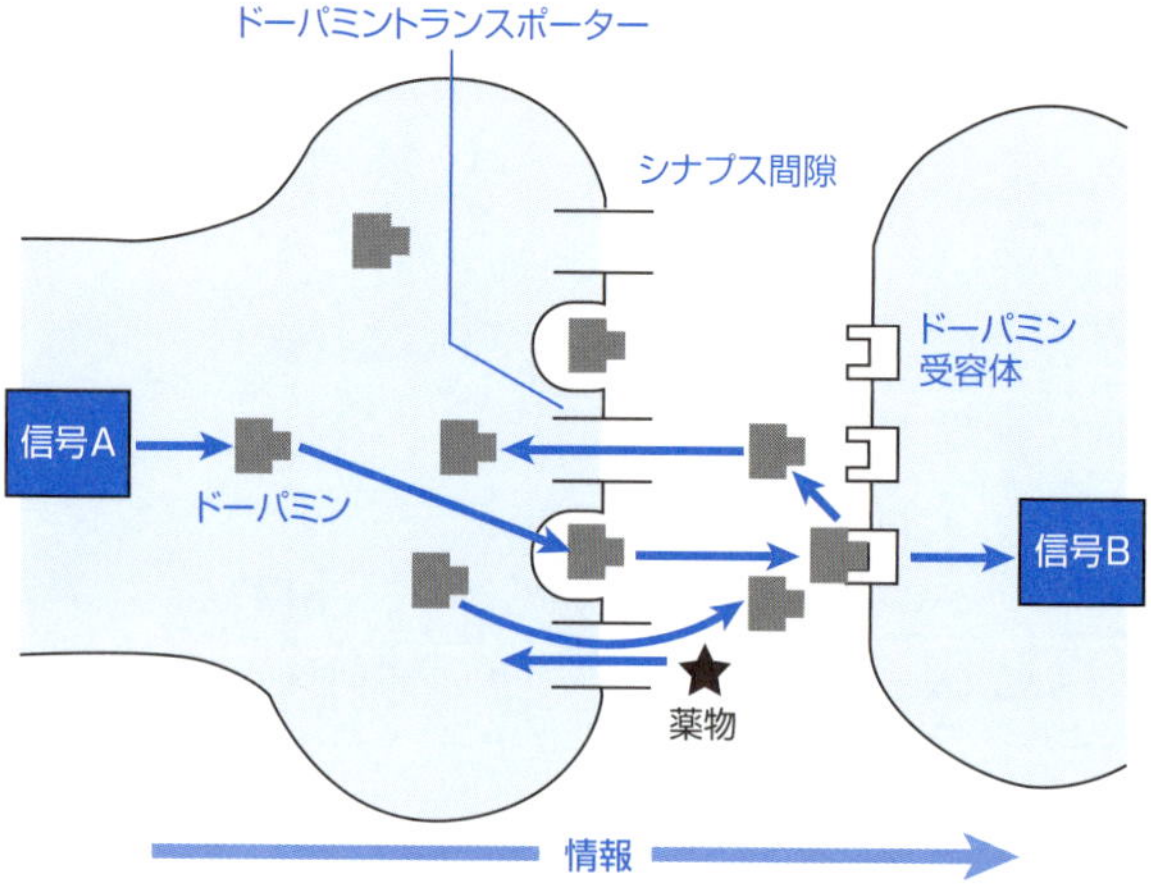

SECTION 29

# 覚せい剤はシナプスを異常にし、神経経路を異常にする

覚せい剤という名前は、元々は目を覚まさせ、疲れた気持ちに元気をもたらす薬剤という意味で付けられました。しかし、実はその効果は、まやかしであり、麻薬と同じように肉体と精神をズタズタにする物質であったのです。

## ⚠ 覚せい剤

日本薬学界の生みの親といわれる長井長義は漢方薬の一種である麻黄《まおう》を研究していましたが１８８５年に麻黄の成分としてエフェドリンを発見しました。そして、エフェドリンの人工合成を研究する際に、エフェドリンの誘導体としてメタンフェタミンを合成しました。一方、ルーマニアの化学者は１８８７年に同じくエフェドリンの誘導体アンフェタミンを合成しています。このメタンフェタミンとアンフェタミンが覚せい剤といわれる一群の物質の代表なのです。

とくに、メタンフェタミンは戦後、ヒロポンの名前で市販されました。ヒロポンを飲むと疲労が取れ、仕事がはかどるというのでサラリーマンや受験の学生が服用しました。

しかし、それは疲労が無くなるのではなく、感じなくなるだけであり、肉体は疲労していたのです。その上、ヒロポンには依存性があり、一度中毒になるとそこから立ち直ることが困難であり、ヒロポン中毒は社会問題になりました。

覚せい剤の脳や神経細胞に及ぼす機構は麻薬の場合と同様です。

●覚せい剤

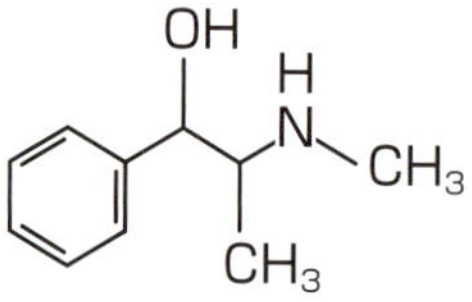


エフェドリン

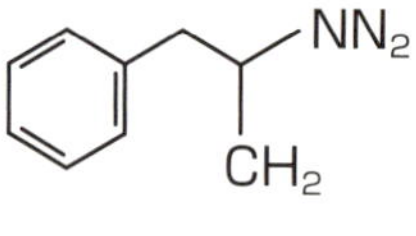


アンフェタミン

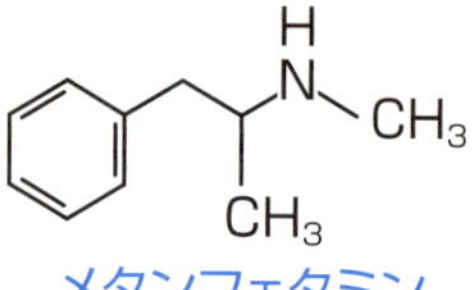


メタンフェタミン
（ヒロポン）

## ⚠ LSD

麦には麦角菌《ばっかくきん》という菌が繁殖することがあります。麦角菌が繁殖した麦を食べると四肢が焼けるほど痛くなったり、幻覚、妄想を見るようになります。これを「麦角中毒」といいます。

　麦角菌が出す毒物を研究していたスイス人化学者ホフマンは、1938年にリゼルグ酸ジエチルアミド（LSD）を発見しました。そして1943年になってこのLSDに幻覚作用があることが明らかになりました。

●LSD

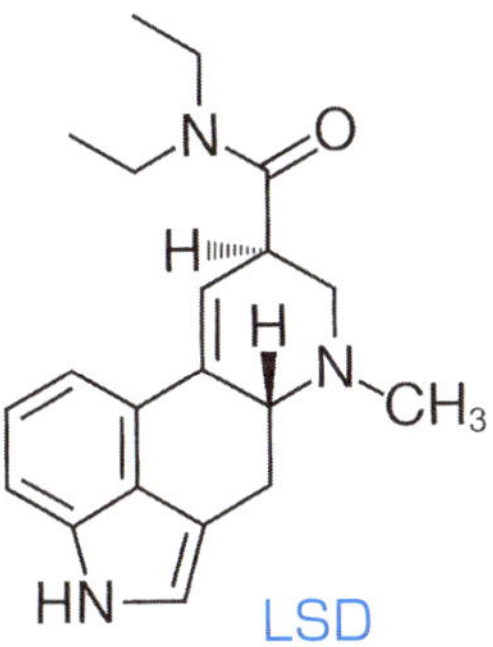


LSD

　LSDを服用すると、特有のパターンを持った幻想が見えるといいます。その様な表現物がサイケデリックアートと呼ばれたこともありました。しかし、麻薬や覚せい剤と同じように依存性があり、一度使うと止められなくなり、止めようとすると苦しい禁断症状が現れることが明らかになりました。

SECTION 30

# シンナーは人間をダメにする

シンナーは、薄める(thin)物という意味であり、日本語では、「溶剤」あるいは「希釈剤」といいます。要するにペンキを薄めて塗りやすくする物です。ところが、1960〜1980年代、若者の間にシンナーの蒸気を吸うという、シンナー遊びが流行って社会問題になりました。シンナーを吸うと多幸感を感じるというのですが、錯覚に決まっています。

## ⚠シンナーの成分

一時、特殊な若者集団の間でシンナーを吸って〝ラリる〟という遊び(シンナー遊び)が流行りました。頭がおかしくなって正常な判断ができなくなり、それだけなら本人の勝手なのですが、他人に対して危害を加えるという事態になりました。

シンナー遊びが起きた原因は、シンナーの成分に問題があります。シンナーは、溶剤の一般名です。特定の化学物質の名前ではありません。シンナーは多くの化学物質の混合物なのです。その種類と割合は各塗料会社の企業秘密です。

とはいうものの、トルエン、酢酸エチル(サクエチ)は有機物を溶かす力が強く、しかも価格が高くないということで、ほとんど全ての溶剤に混じっていました。そのほかにキシレン、アセトンなども主要原料でした。

●シンナーの成分

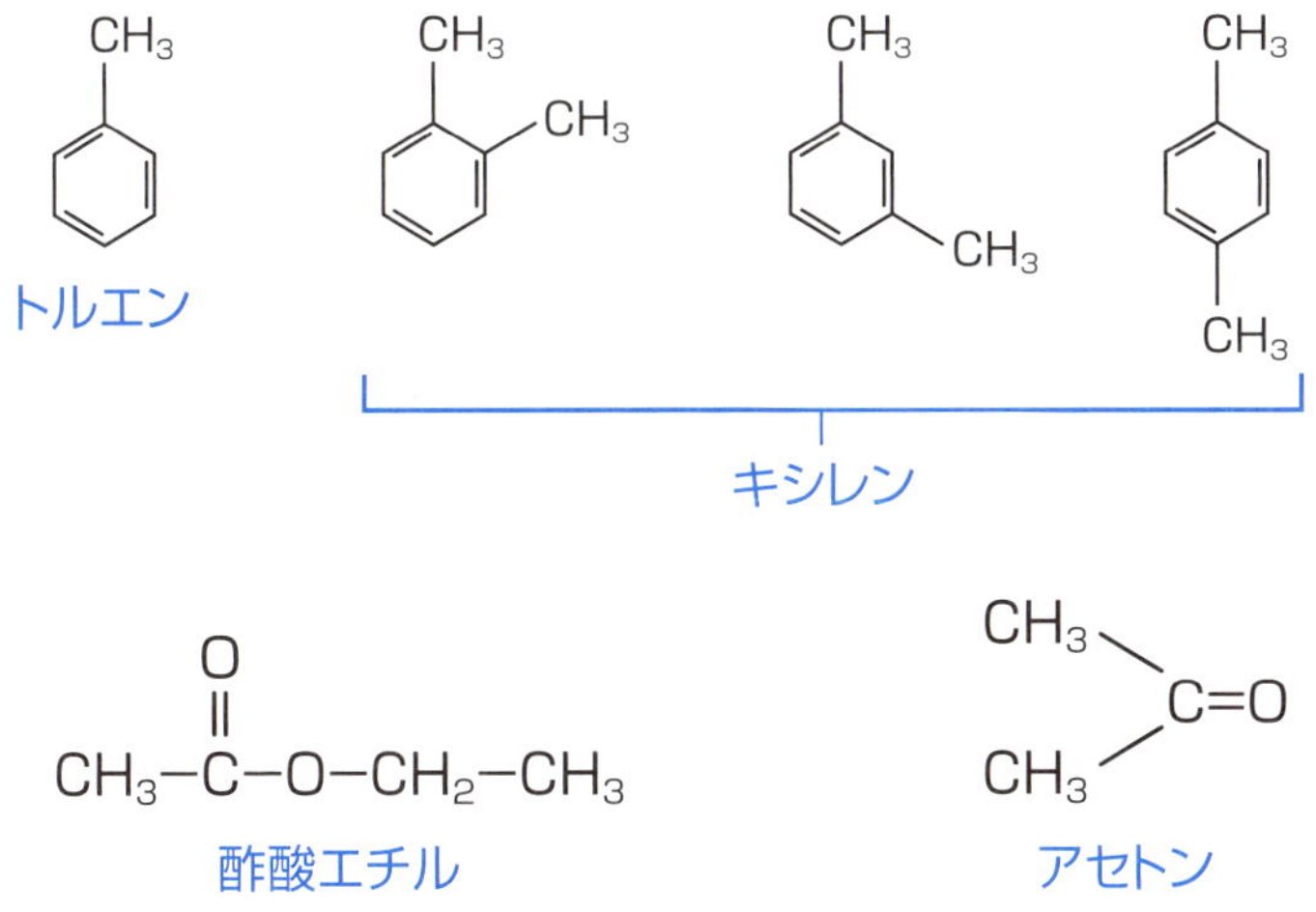

## ⚠シンナー遊びの結果

少量のシンナーを当時流行のビニール袋に入れ、揮発した気体成分を吸って、多幸感にふけることを当時はシンナー遊び、あるいはアンパンなどといっていました。

しかし、その様な遊びにふけった人たちのその後は、決して本人の満足のいくものではないとしかいいようがないでしょう。

トルエンやサクエチは正常な判断力を麻痺させます。しかも、一度使うと耐性ができ、それから逃れようとすると激しい禁断症状が現れます。そのため、依存性が現れ、ますますその薬物から逃れられなくなるのです。

現在では、このような因果関係が明らかになったので、少なくとも一般家庭用のシンナー、すなわち、ペンキなどの塗料薄め剤、油性ペンの溶剤、あるいはマニキュアなどの各種剥離剤《はくりざい》には、トルエンやサクエチなどは用いられていません。

SECTION 31

# 危険ドラッグはどのような反応が起こるかわかっていない

前の項目までに麻薬、覚せい剤について解説しました。みなさんは、私とは関係のない問題と思っておられるでしょう。しかし、それは間違っているとしかいえません。

あなた自身は大丈夫でしょう。しかし、あなたのまわりは絶対に大丈夫でしょうか？

あなたが横断歩道で信号を待っている時に、万が一、ドラッグ中毒の人が運転した車が突っ込んでくる場合もあります。それが危険ドラッグの問題です。

## ⚠分子構造と分子の機能

メタンフェタミンやアンフェタミンは覚せい剤として厳重に取り締まられています。ですから、作ることはもちろん、販売や所持、使用も許されていません。

化学物質は複雑な分子構造をしています。エフェドリンは合法的な医薬品です。しかし、メタンフェタミンとアンフェタミンは、違法な覚せい剤です。しかし、分子構造を比較すると、エフェドリンからヒドロキシ基OHを外せばメタンフェタミンとなり、メタンフェタミンからNについているメチル基$CH_3$を外せばアンフェタミンになります。つまり、これら三種の分子は兄弟のようなものであり、構造が似ているだけでなく、機能も似ています。しかし、化学的には異なる物質（分子）なのです。

製造、流通、仕様を許可するにしても禁止するにしても、この三種の分子それぞれについて個別に決めなければならないのです。

## ⚠デザイナードラッグ

ここに目を着けて、メタンフェタミンやアンフェタミンの分子構造のほんの一部を変化させ、分子構造を適当にデザイン（改変）した薬剤を「デザイナードラッグ」といいます。その世界でよく知られたものに、ラブ（MDA）、アダム（エクスタシー、MDMA）、イブ（MDEA）があります。構造式では、Rと書いた部分が異なるだけで互いによく似ています。

さらに、これらの構造から次の図の丸の点線で囲った部分を取り去ればラブはアンフェタミン、アダムはメタンフェタミンになります。しかし、これらはメタンフェタミンでもアンフェタミンでもありません。そのため、覚せい剤としての規制の対象にはならないのです。

このような物質を適当な乾燥ハーブに沁みこませたものが危険ドラッグといわれるものです。危険ドラッグには、これら以外にも、さまざまな薬剤が混ぜられています。それらの相乗効果が人間に対してどのような影響をもたらすかについては、誰も知りません。つまり、使用者自身がモルモットなのです。恐ろしい話です。

●デザイナードラッグ

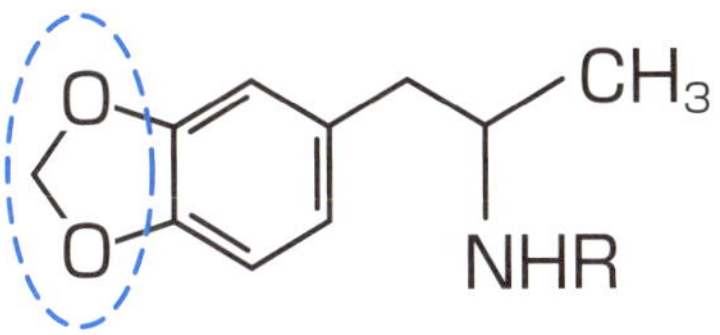


**R=H** ⟶ ラブ（MDA）

**R=$CH_3$** ⟶ アダム、エクスタシー（MDMA）

**R=$CH_2CH_3$** ⟶ イブ（MDEA）

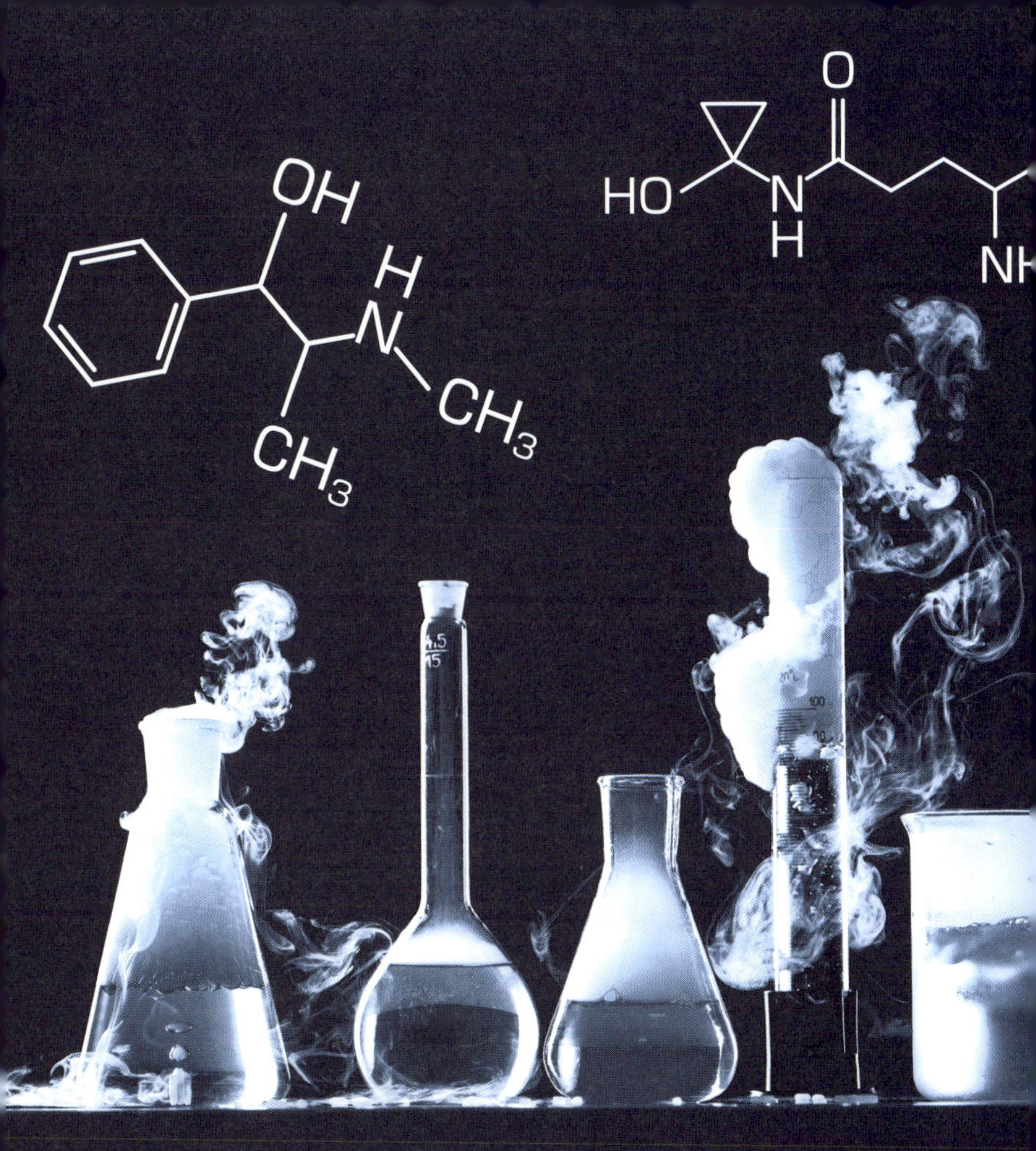

# Chapter. 4
# 事業所で起こる反応

SECTION 32

# 金属は燃えて熱を出し、火災の原因になる

木や紙は、火がつくと簡単に燃えます。そのため、木材と紙からできた日本家屋は燃えやすいので長く残らないといわれたものです。しかし、火がついて燃えるのは木や紙だけなのでしょうか?

## ⚠ 酸化反応

酸素Oは、大変に反応性の高い元素です。多くの元素と反応して酸化物を作ります。それを端的に表すのが地殻中での元素の存在割合です。地殻とは、地球の表面30㎞ほどの厚さの部分であり、それを作るのは一般に岩石といわれるものです。

地殻中で最も多い元素は、なんと酸素なのです。重さで地殻の約50%は酸素Oなのです。2番目がケイ素Siで26%です。そして3番目がアルミニウムAlで8%、4番目が鉄Feで5%たらずなのです。

気体の酸素がなぜ岩石の中にあるのかなどと思われては困ります。酸素は気体として地殻中に存在するのではありません。酸化物として存在するのです。地面を構成する主なものは二酸化ケイ素です。この分子式は$SiO_2$で、ケイ素Siの原子量は28です。酸素の原子量は16なので、$SiO_2$の分子量は28+16x2=60となります。つまり、二酸化ケイ素の重量の28／60、47%は、酸素の重さなのです。

## ⚠金属は酸素と反応する

酸素は多くの元素と反応して酸化物を作ります。金属も酸素と反応して酸化物を作ります。その結果、できるのが「錆び」です。一般に金属の酸化、すなわち錆びは人が気づかないうちにゆっくりと進行するように思われます。庭に放って置いた釘（鉄）は、知らないうちに錆びて赤くなります。

しかし、条件さえ許せば、鉄は酸素と激しく反応して錆び（酸化鉄）となります。鉄の表面積を大きくするため、細い針金にします。スチールウールが典型です。これを広口瓶に入れ、中に酸素ガス$O_2$を満たします。この鉄にマッチの火を近づけると鉄は激しく燃え出します。赤くなって高熱となります。すなわち、鉄は燃えて熱を出す(燃焼)のです。

一般に金属は、硬くて冷たくて燃えないものと考えられがちです。しかし、金属はそれほど頑丈で丈夫なものではありません。ほとんど全ての金属は、ガラスによって傷を付けられ、力を加えれば曲がり、高温で酸素を送れば燃えるのです。

人類がその歴史において付き合ってきた金属は、金Au、銀Ag、銅Cu、鉄Fe、スズSn、亜鉛Zn、鉛Pbなどです。これらは金属の中では例外的といってよいほど反応性が低い、すなわち酸素と反応し難い金属です。しかし、最近では、レアメタル、レアアースなどが産業界で活躍しています。つまり、人類との付き合いの短い金属が世界に登場しているのです。

このような金属の中には、酸素と非常に反応しやすいものがあります。例えばカリウムKやナトリウムNaは、空気中に出したら、直ちに酸素と反応して酸化物、酸化力リウム$K_2O$や酸化ナトリウム$Na_2O$となります。

酸化物は一般的に安定、低エネルギーです。この結果、金属が酸化されると、元の金属より低エネルギー状態となります。つまり、余分なエネルギーが発生します。これは金属が燃えるときには、木や紙が燃える時と同じように、エネルギー（熱や光）が発生することを意味します。つまり、金属は、木や紙と同じように火事の原因になるのです。

最近、マグネシウムMgの火災が起きています。マグネシウムは表面積が大きくなると、酸素と反応して酸化マグネシウムMgOとなります。取扱いには充分な注意が必要です。

### ●カリウムとナトリウムの酸素との反応

$$4K + O_2 \longrightarrow 2K_2O$$

カリウム　酸素　酸化カリウム

$$4Na + O_2 \longrightarrow 2Na_2O$$

ナトリウム　酸素　酸化ナトリウム

SECTION 33

# 高温金属に水をかけると爆発する

金属が酸素と反応する、すなわち燃えることは前の項目で解説した通りです。しかし、金属は燃えるだけではありません。水と反応して爆発するのです。

## ⚠マグネシウム火災

２０１２年５月22日に岐阜県土岐市のマグネシウム貯蔵庫で火災が起きました。火災は激しく続き、鎮火が確認されたのは、６日後の28日でした。保管してあったマグネシウムMgは、２００トン弱といいます。なぜ鎮火までにこんなに時間がかかったのでしょうか。

マグネシウムは、最近になって使われ出した金属であり、レアメタルの一種です。

宇宙を構成する元素の種類は90種ほどありますが、約70種は金属元素です。そのうち47種はレアメタルに指定されています。レアメタルは、さまざまな優れた性質を持ち、現代産業には欠かせない金属です。

マグネシウムは、ナトリウムNaやカリウムKのように反応性が高くて実用に向かない金属を除けば、最も軽い、すなわち比重の小さい（1・74）金属です。そのため、マグネシウムとアルミニウムAlや鉄との合金は、マグネシウム合金といわれ、軽くて強いということで自動車のホイールなどに多用されています。

しかし、前の項目で解説したように、マグネシウムは酸素と反応して火事を起こします。それが、土岐市の火災だったのです。

## ⚠マグネシウム火災の爆発

一般に火災が起きたら水をかけます。これには「①温度を冷やす」「②酸素を遮断する」という二重の意味があります。

しかし、マグネシウムの火災には、この図式が当てはまらないのです。燃えて高温になっているマグネシウムに水をかけたとしましょう。すると、マグネシウムは水と反応して水素ガス$H_2$を発生します。その途端に水素ガスは、酸素$O_2$と反応して爆発的な燃焼を起こします。

　つまり、マグネシウム火災を消そうとして水をかけると爆発が起こるのです。これはマグネシウムに限ったことではありません。一般的に、金属火災現場に水をかけたら爆発が起こると考えてよいでしょう。金属火災に水は厳禁なのです。それでは現場に掛けつけた消防隊は何をすればよいのでしょうか？

　それが、土岐市の火災の鎮火に6日間もかかった理由です。消防隊は何もできないのです。小規模な火災なら、乾いた砂をかけるなどもできるで

●マグネシウムの反応

$$\underset{\text{マグネシウム}}{2Mg} + O_2 \longrightarrow 2MgO$$

$$Mg + \underset{\text{水}}{H_2O} \longrightarrow MgO + \underset{\text{水素ガス}}{H_2}$$

$$2H_2 + \underset{\text{酸素}}{O_2} \longrightarrow 2H_2O$$

しょうが、大規模となったら砂を掛けるのも大変です。つまり、消防隊にできることは鎮火ではなく、延焼を食い止めることだけなのです。後はマグネシウムが燃え尽きるのを待つだけです。燃え尽きた時が鎮火なのです。

これは江戸時代の火消しと同じことです。江戸時代の「め組」などの火消しのお兄ちゃんたちは、現場に駆けつけると周囲の家を叩き壊したのです。そのようにして延焼をくい止めたのです。だから、火消しは腕っぷしが強くて喧嘩っ早いのが揃っていたのです。

●め組

SECTION 34

# 福島原発の水素爆発

2011年3月に起こった東北大震災では、福島県の原子力発電所も大きな被害を受けました。原子力発電所の被害は、発電所が被害を受けるだけではすみません。被害を受けた発電所が被害の発生源になるのです。大量の放射性物質を周囲にばら撒き、多くの住民が避難を余儀なくされ、その状態は現在も続いています。

## ⚠原子力発電所

原子力発電所が爆発した時の光景はテレビで放映されました。覚えている方も多いでしょう。しかし、この爆発は、原子炉が爆発したのではありません。その原子炉を覆う建屋が爆発したのです。原子炉を東大寺の大仏様としたら、建屋というのは御堂のことです。

もし、原子炉が爆発したらこのよう被害では済まなかったでしょう。もしかしたら北は仙台、西は山形、南は東京の辺りまで人が住めなくなったかもしれません。大変な話です。

それではなぜ建屋が爆発したのでしょう?

原子力発電所は原子炉と発電機からできています。発電機は普通の火力発電所や水力発電所で使うものと原理的に同じです。

原子炉は、厚さ20㎝ほどの鋼鉄でできた頑丈なものです。中には燃料と水と制御材が入っています。原子炉というのは火力発電所のボイラーに相当する部分です。燃料が核分裂して発生した熱で水を加熱して水蒸気を作るのです。

この水蒸気を原子炉の外部に設置した発電機に吹き付けてタービンを回して電気を起こすのです。ですから、原子炉が電気を起こすのではありません。電気を起こすのは発電機であり、原子炉は、お湯を沸かすだけなのです。

制御材は、核分裂反応の速度を制御するものです。原子炉を止めるのも制御材です。

## ⚠水素爆発

　福島の事故では、原子炉は正常に作動し、制御材が働いて原子炉は運転を停止しました。しかし、原子炉では、運転を停止しても、燃料は発熱を続けます。燃料を冷やすために冷却水を循環させなければなりません。そのためには外部電源が必要です。ところが、津波のために外部電源が止まり、冷却水も止まったのです。このため、燃料体は発熱を続けました。

　原子炉の燃料はウランUです。ウランを直径、厚さとも1㎝ほどのボタンにします。これをジルコニウムZrという金属の合金でつくった円筒の中に何個も入れた物を「燃料棒」といいます。そして、この燃料棒を何十本も束ねた物を「燃料体」といいます。

　燃料体の金属のジルコニウムは、高温になると水と反応して水素ガスを発生します。この水素ガスが原子炉から漏れ出して建屋内に溜まり、これに静電気か何かで火がついて爆発した。これが現在推定される原子力発電所の爆発のシナリオです。

●水素ガスの発生

$$\mathrm{Zr} + 2\mathrm{H_2O} \longrightarrow \mathrm{ZrO_2} + 2\mathrm{H_2}$$

ジルコニウム　水　水素ガス

SECTION 35

# 化学肥料の爆発

なぜ化学肥料が爆発するのかと思う方もいるかもしれません。しかし、化学肥料には爆薬も使われているのです。爆発しても何の不思議もありませんし、現に大爆発を繰り返している化学肥料もあります。

## ⚠ 爆薬について

爆発には、さまざまな種類がありますが、一般に爆薬で起こる爆発は、急速な燃焼と見ることができます。ガソリンを専用のストーブでゆっくり燃やせば登山に便利な効率的な暖房器具になります。しかし、ガソリンを床に撒いて火を着けたら爆発的に燃え上がり、火事になります。

爆薬は爆薬自身が燃料であり、それが燃えることで爆発します。しかし、急速に燃えるためには、周囲の空気に含まれる酸素だけでは供給が間に合いません。ではどうすればいいのでしょうか？　それには、爆薬自身が酸素を持っていればよいのです。そうすれば、自分の酸素で自分が燃えるわけですから、いくらでも速く酸素を供給できます。

このように、酸素を供給できる原子団（置換基）としてよく知られたものに、ニトロ基$NO_2$があります。有名な爆薬のトリニトロトルエンやニトログリセリンは、その名前からわかるようにニトロ基を持っています。

昔の火薬は黒色火薬でした。これは炭の粉、硫黄と硝石の混合物です。硝石というのは、硝酸カリウム$KNO_3$のことで、やはりニトロ基を持っています。硝石は酸素供給材の役目をしていたのです。

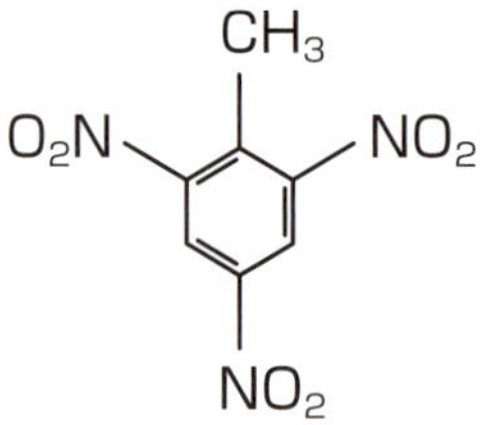


トリニトロトルエン

$K-O-NO_2$

硝酸カリウム

$H_4N-O-NO_2$

硝酸アンモニウム

## ⚠化学肥料について

植物の三大栄養素は、窒素N、リンP、カリウムKです。硝酸カリウム$KNO_3$を見てください。KとNが入っています。つまり植物肥料として有効なのです。つまり、硝酸カリウムは化学肥料として使われているのです。

このような化学肥料として硝酸アンモニウム$NH_4NO_3$があります。窒素Nがたっぷり入っています。これは一般に「硝安」という名前で化学肥料として使われています。しかし、硝安はときおり、歴史に残る大爆発を起こします。

●オッパウの大爆発

1921年には、ドイツのオッパウで大爆発が起こり、509人が死亡、160人が行方不明となっています。1947年には、アメリカのテキサスシティーで蒸気船グランドキャンプ号に積み込み中の硝安8500トンが爆発し、581人が死亡、5000人以上の負傷者が出ました。2013年にもテキサス州ウエストで270トンの硝安が爆発し、14人が亡くなっています。爆発で、きのこ雲が現れたといいます。

2015年には中国天津の倉庫群で大爆発が起こりました。事故の全貌は明らかになっていませんが、150人ほどが亡くなったようです。倉庫には大量の硝安、硝石が保管してあったといわれています。

土木工事や鉱山では、爆発物が多用されます。このような工事で使われる爆薬はダイナマイトであろうと思いがちですが、実は違うのです。現在の主流は、アンホ爆薬と呼ばれるもので、なんとダイナマイトの3倍もの量が使われています。

理由は製造が簡単で爆発力はダイナマイト並みなのです。しかも発熱量が小さいので安全であり、安価と来れば、使われないのが不思議なくらいです。そして、このアンホ爆薬というのがなんと、硝安と軽油の混合物なのです。

SECTION 36

# 小麦粉の爆発

ここまでに各種の爆発の原因と様子を解説してきました。爆発には、さまざまな種類があります。そして、それぞれに想定できる原因があります。爆発性の物質、瞬間的に膨張する気体などです。ところが、そのどれにも当たらないと思われる物質が爆発することがあるのです。それが「粉塵《ふんじん》爆発」です。

## ⚠ 小麦粉も爆発の原因

パンを作る小麦粉が爆発するなどと誰が思うでしょう？　しかし、それが爆発したのです。

1878年、アメリカのミネソタ州の製粉所で小麦粉が爆発しました。この事故で

18名が死亡しました。爆発するのは小麦粉だけではありません。トウモロコシなどの穀物の粉でも同様です。1977年、アメリカのルイジアナ州にある穀物エレベーターで穀物の粉が爆発し37人が死亡しました。さらに、2008年には ジョージア州の砂糖工場で、精製中の砂糖粉が爆発し、死者8名、負傷者62名の事故となりました。

つい最近では、2015年6月に台湾で行われた音楽イベントで観客席に向かって撒いていたカラーパウダーが爆発し、400人近くが負傷しました。カラーパウダーはトウモロコシの粉に着色したものでした。

これらの爆発事故で爆発したのは、小麦粉、穀物粉、砂糖です。なぜ、このような物が爆発したのでしょうか。しかし、これらの事故を見てみると爆発の原因となった物質はどれも可燃性の物質であることがわかります。そして、その状態は粉です。つまり「粉塵《ふんじん》」です。

## ⚠粉塵爆発

実は粉、粉塵が爆発を起こすのは他の業界ではよく知られた事故だったのです。それは石炭業界です。採炭では、狭い炭坑の中で石炭を砕くので、石炭の粉（粉塵）が炭坑内にあふれます。ここで静電発火が起こると、石炭の粉が爆発します。これを「炭塵《たんじん》爆発」といいます。日本の石炭業界の歴史を見ると、悲惨な炭塵爆発が連続していることがわかります。

１８９９年には、福岡県の豊国炭鉱で日本初の炭塵爆発事故が発生し、死者２１０名を出す大惨事となりました。また、１９６３年には、福岡県の三井三池炭鉱三川坑で、死者４５８名、一酸化炭素中毒患者８３９名を出す戦後最悪の炭鉱事故が起こっています。

物質は微細になればなるほど、単位体積当たりの表面積が大きくなります。これはその物質が燃える時に、酸素が供給されやすいこと、すなわち、高速燃焼が可能なことを意味します。つまり、この状態に火気があれば爆発的に燃焼し、爆発することを意味するのです。物質は燃えることができるものであれば何でもよいのです。小麦粉、砂糖粉、石炭粉（炭塵）あるいは金属粉、何でも構いません。

粉塵爆発は、空中に浮遊している粉塵が燃焼し、その燃焼が時間的に継続し、かつ空間的に伝播していくことで起きます。したがって、浮遊する粉塵の粒子間距離が開きすぎていると燃焼は伝播しません。反対に、粉塵密度が濃すぎると、燃焼するための充分な酸素が空間に無いため、燃焼が継続できません。つまり、いずれの場合も爆発は起きないのです。

爆発が伝播できる最低の密度を「爆発下限濃度」、燃焼が継続できる適度な隙間が開いている濃度を「爆発上限濃度」といいます。事故は、このような条件を満たした時に起こるのです。

●粉塵爆発

©2009 Hans-Peter Scholz

SECTION 37

# 石炭に水を掛けると可燃性のガスが発生する

## ⚠化石燃料

石炭、石油、天然ガスを一般に「化石燃料」といいます。太古の生物の遺骸が地熱と地圧で変化してできた燃料という意味です。石油や天然ガスの発生源については異論もあるようですが、石炭が化石燃料であることは間違いのないことでしょう。

石炭を取扱いに便利な液化、あるいは気化させることはできないのでしょうか？　それができるのです。石炭を空気のない状態で高温にします。そして水を掛けるのです。すると一酸化炭素COと水素ガス$H_2$の混合気体が

●石炭と水の反応

$$\underset{\text{石炭}}{C} + \underset{\text{水}}{H_2O} \longrightarrow \underbrace{CO + H_2}_{\text{水性ガス}}$$

$$2CO + O_2 \longrightarrow 2CO_2$$

$$2H_2 + O_2 \longrightarrow 2H_2O$$

発生します。これを「水性ガス」といいます。

一酸化炭素も水素ガスも酸素と反応すると燃えます。そして、燃えるときには発熱する、すなわちエネルギーを発生します。つまり水性ガスは立派な燃料なのです。

現在では、都市ガスは多くの場合、メタン$CH_4$を主成分とする天然ガスです。しかし、30年ほど前の都市ガスには、水性ガスが用いられていました。

## ⚠水性ガスの危険性

水性ガスの危険性は可燃性で爆発性というだけではありません。一酸化炭素の有毒性です。毒には、さまざまな種類があり、それぞれによって体のどの部分にどのように働くかがわかっています。

一酸化炭素は、猛毒として知られる青酸カリ(正式名シアン化カリウム)KCNや硫化水素$H_2S$と同様に呼吸毒といわれるものです。

呼吸毒は呼吸を妨げる毒ですが、息ができなくなるわけではありません。肺は動き、息はできるのですが、酸素が細胞に行き渡らなくなるのです。そのため細胞、特に脳細胞がダメージを受け、その結果、死に繋がるのです。

肺で取り入れた空気、酸素を細胞に届けるのは赤血球の中にある「ヘモグロビン」というタンパク質です。ヘモグロビンには、ヘムという分子が着いており、このヘムが酸素を運ぶのです。ヘムはポルフィリンという環状の有機物と、その中に入った鉄原子(イオン)からできています。

酸素は、この鉄に結合します。このようにして酸素を取り入れたヘモグロビンは血流に乗って細胞に行き、そこで酸素を渡して空身《からみ》になって肺に戻り、また酸素と結合して細胞に行きます。

ところが一酸化炭素も鉄と結合する性質があります。しかし、酸素と違って一酸化炭素は一度結合したら最後、決して離れようとしません。この結果、ヘモグロビンは酸素を運ぶことができなくなってしまうのです。青酸カリや硫化水素の働き方も同様です。

かつては、このように危険なガスが各家庭に配られていたのです。当時の自殺の手段としてガス自殺が多かったのはこのような理由によるものです。

SECTION 38

# 鉄が水素ガスを吸収すると弱くなる

金属は気体を吸収します。スポンジのように変形された金属のことをいっているのではありません。普通のピカピカの金属個体が気体を吸収するのです。

## 水素吸蔵金属

固体の金属は結晶です。結晶というのは、金属原子が三次元に渡って整然と積み重なった状態です。もちろん、原子は球形です。この状態は、リンゴ箱にリンゴを詰め込んだ状態と考えることができます。それ以上のリンゴを詰めることはできません。しかし、実際は隙間だらけです。この隙間にリンゴを入れることはできませんが、豆だったら入れることができます。

計算によれば、球を箱に入れた場合には、どのように緊密に詰めても容積の26％は隙間として空いてしまいます。つまり、金属結晶は隙間だらけであり、この隙間に気体分子が入るのです。吸収されやすい気体は体積の小さい水素です。水素をよく吸収する金属は特に「水素吸蔵金属」あるいは「水素吸蔵合金」といいます。マグネシウムMgは自分の体積の1000倍もの体積の水素を吸収することが知られています。

水素吸蔵金属の用途として、水素燃料電池の水素の保管が考えられますが、金属の重さに対して吸収できる水素の重さが充分でなく、実用化は無理のようです。しかし、水素吸蔵金属の性質を利用して純粋な水素ガスを作ることができます。不純物の混じった水素ガスを水素吸蔵金属の薄い膜に通すのです。すると水素ガスは金属膜を通過しますが不純物のガスは通過できません。つまり、金属膜がふるいの役をして不純物を除くのです。

## ⚠ 水素脆化

しかし、金属の中には水素を吸収すると性質が劣化するものがあります。これを「水素脆化《ぜいか》」あるいは「水素脆性《ぜいせい》」といいます。ステンレスや鋼など、鉄合金の水素脆化は特に問題になります。水素脆化を起こした鉄材は機械的強度が低くなり、割れやすくなります。特にバネに使う材料では致命的な欠陥になるといいます。

最近、水素燃料電池が実用化され、水素燃料電池車が街を走るのも間もないものとみられています。

水素燃料電池には、当然、水素ガスを保管するタンクが必要です。水素燃料自動車は、このタンクを積んで走ることになります。街にはガソリンスタンドの代わりに水素スタンドができるでしょう。そこでは大量の水素ガスを保管するタンクが必要になります。このタンクに起こるのが水素脆化の問題なのです。

水素タンクでは水素を高圧にして液体状態で入れています。ですから、機械的によほど丈夫な容器でないと持ちません。できたら丈夫な素材であるステンレスで作りたいところですが、この水素脆化の問題があります。目下のところ、タンクの内側をアルミニウムで貼るなどの対策が取られています。また、炭素繊維の様な金属以外の素材で作る方法もあります。

SECTION 39

# 鉄が窒息を引き起こす

鉄釘を庭に放っておくと錆びて赤くなります。これは、鉄が酸素と反応したのです。鉄は、このように錆びやすい金属です。この鉄にクロムCrやニッケルNiを混ぜて錆びにくくしたのがステンレスです。クロムはアルミニウムと同様に錆びると表面に緻密で硬い膜を作ります。この膜によって内部まで酸素が入ることができなくなり、錆びが広がるのを防ぐのです。この膜を「不動態」といいます。

## ⚠ 錆びることの有用性

鉄が錆びるということは鉄が酸素を捕まえて反応したことを意味します。鉄と反応してしまった酸素は、他の物と反応する性質はなくなります。つまり、鉄は酸素を取り除くことができるのです。

　これを利用したのが、お菓子などの包装に入っている脱酸素剤です。脱酸素剤の中身は鉄粉です。包装の中に入っている酸素と鉄が反応して酸素を除き、酸素によるお菓子の品質の劣化を防いでいるのです。

　化学カイロも鉄の錆びる性質を利用したものです。化学カイロの中身は鉄粉と触媒としての少量の塩水です。鉄は酸化されるときに発熱します。この性質を利用したのです。

●脱酸素剤

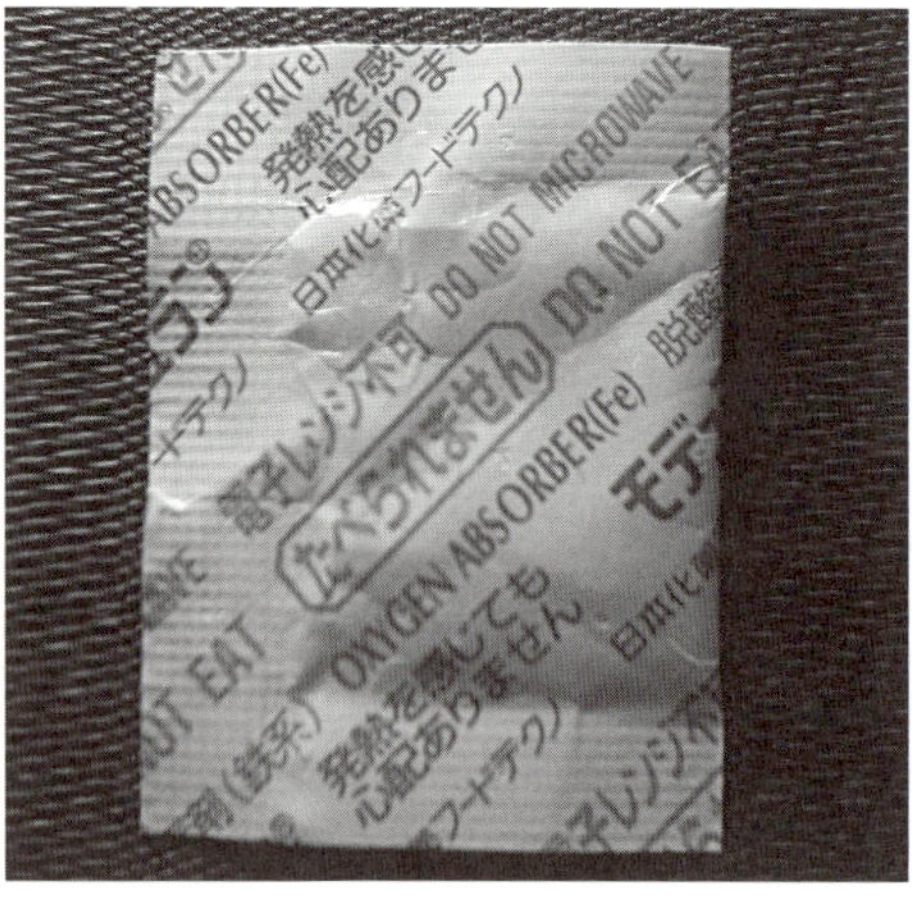


## ⚠窒息作用

鉄が酸化されやすい性質がまねく危険もあります。井戸を掘るような作業で、作業員が穴の中で倒れて、最悪の場合には命を失う事故が起こることがあります。死因は窒息です。

穴を掘ると充分に酸化されていない鉄が地中から現れます。これが穴の中の酸素と反応します。この結果、穴の中は酸素の少ない状態になるのです。それを知らずにこの中に入ると酸素不足のショックで倒れてしまいます。すると、その酸素不足の空気を長いこと吸い続けることによって窒息死することになるのです。

同じことは、水のなくなった枯れた井戸でも起こります。井戸の水がなくなると、それまで水に覆われていた鉄がむき出しになり、酸素を奪うのです。穴に入るときには酸素があること、有毒ガスがないことを確認する必要があります。

酸素の有無はロウソクを使って調べることができます。火のついたロウソクを穴に入れて、もし火が消えたら、中は酸素不足の可能性があります。

温泉で茶色っぽく濁った泉質のものがあります。大阪の有馬温泉の金の湯などが典型です。この種類の温泉には、鉄イオンが溶けているのです。地中から湧き出した時には無色で透明なのですが、空気に触れると酸化されて茶色く不透明になるのです。

ドライアイスは、二酸化炭素$CO_2$の結晶です。一般に二酸化炭素は無害と思われていますがそんなことはありません。濃度が高くなると危険です。濃度が3～4％を超えると頭痛・めまい・吐き気などを催し、7％を超えると炭酸ガス中毒になって数分で意識を失います。この状態が継続すると麻酔作用によって呼吸中枢が抑制されるので、呼吸が停止し、死に至ります。

自動車の様な狭い密閉空間に、あまり大量のドライアイスを持ち込むことは危険だということは記憶に留めておく必要があるでしょう。

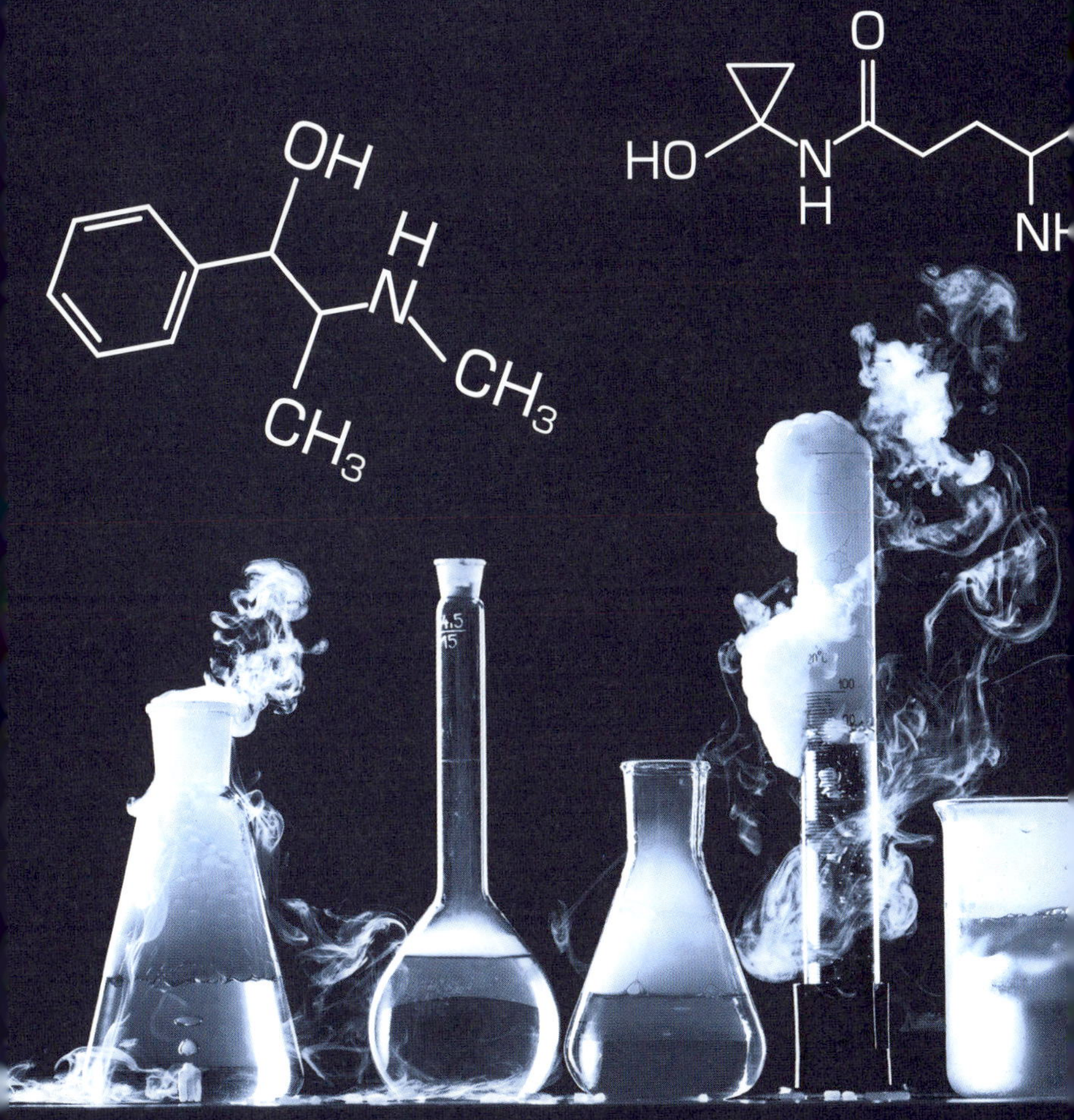

# Chapter. 5
# 環境で起こる反応

SECTION 40

# 硫黄は硫黄酸化物SOxとなって喘息を引き起こす

## 硫黄酸化物SOx

現代社会は、エネルギーの上に成り立っています。エネルギーには、さまざまな種類がありますが、最も使い勝手のよいものは電気エネルギーの電力です。

電気エネルギーを作るには、さまざまな方法がありますが、現在、主力のものは熱エネルギーを用いるものです。そして、熱エネルギーを得る方法として、石炭、石油、天然ガスなどの化石燃料を燃やす方法があります。

太古の動植物の遺骸が変化したといわれる化石燃料の主成分は炭素Cと水素Hですが、その他に窒素Nと硫黄Sも入っています。化石燃料を燃やすと、この窒素や硫黄も一緒に燃えます。

炭素が燃えて生じるのは一酸化炭素COと二酸化炭素$CO_2$だけですが、硫黄が燃えると多くの種類の硫黄酸化物が生じます。それらを区別するのは面倒ですので、x個の酸素Oと結合した硫黄SということでSOxと書き、「ソックス」といいます。

SOxは水に溶けると酸になります。それは亜硫酸ガス（二酸化硫黄）$SO_2$が水に溶けると強酸の亜硫酸$H_2SO_3$になることからもわかります。

## ⚠ 四日市ぜんそく

1960年代になると、三重県四日市市で急に、ぜんそく患者が増え始めました。

四日市市ではこれ以前に、大工業地帯、四日市コンビナートが建設され、工場が操業を始めていました。調べてみると、ぜんそくの原因は工場から排出される煤煙、中でもSOxが主原因になっていることがわかりました。

●硫黄酸化物と水の反応

$$SO_2 + H_2O \longrightarrow H_2SO_3$$

硫黄酸化物　水　亜硫酸

四日市市は海岸の町なので、工場の煙突を高くして煤煙が市街地でなく、海に流れるようになどの施策も取られましたが効果はありませんでした。

## ⚠脱硫装置

効果があったのは脱硫装置でした。これは硫黄を含む物質から硫黄を取り除く装置です。装置には2種類あります。燃やす前の化石燃料から硫黄を除くタイプと、燃えてしまった後の煤煙から硫黄を除くタイプです。

この脱硫装置のおかげで煤煙中のSOxは大きく減少し、四日市市では少なくとも煤煙による新規のぜんそく患者は大きく減少しました。脱硫装置によって回収された硫黄は実は重要な工業原料になります。

化学工業において硫酸$H_2SO_4$は重要な原料です。これは鉱山会社から購入した硫黄を酸化して作ります。すなわち、脱硫装置によって会社は、自分で硫黄を手に入れることができるので、鉱山会社から購入する必要がなくなるのです。自分で使わない会社は他の会社に売却することができるのです。

SECTION 41

# 窒素は窒素酸化物NOxとなって酸性雨を引き起こす

## ⚠ 酸性雨

硫黄Sの酸化物をSOxというのと全く同じ理由で、窒素Nの酸化物をNOxと書き、「ノックス」といいます。NOxの特徴はSOxと同じように、水に溶けると酸になるということです。これはNOxの一種$N_2O_5$が水に溶けると強酸の硝酸$HNO_3$になることからも明らかです。

雨は雲から落下する途中に空気中を通過します。もし、空気中にNOxが存在すると、雨は落下中に、このNOxを吸収することになります。つまり、雨が酸性になるのです。

それでは、NOxがなければ雨は中性なのでしょうか？　そうではありません。空気中には必ず二酸化炭素が存在します。二酸化炭素

●窒素酸化物と水の反応

$$N_2O_5 + H_2O \longrightarrow 2HNO_3$$

窒素酸化物　水　硝酸

は水に溶けると炭酸$H_2CO_3$という酸になります。

つまり、雨はどんな雨でも炭酸を含んでおり、その結果、必ず酸性になっているのです。二酸化炭素だけによる酸性度はpH=5、4程度といいます。すなわち、酸性雨というのはこれより酸性度の高い雨のことをいうのです。

酸性雨の被害は、いろいろあります。まず、屋外の金属を錆びさせます。宇治の平等院の屋根に飾ってあった青銅製の鳳凰像は、錆びが激しいので室内に保管され、現在飾ってあるのはレプリカです。

コンクリートは、もともと塩基性(アルカリ性)ですが、酸性雨によって中和され、強度が落ちます。もし、ヒビ割れが生じるとそこから酸性雨が浸みこんで内部の鉄筋を錆びさせます。すると鉄筋が錆びによって体積を膨張し、ヒビを広げます。このような繰り返しでコンクリートが崩壊することに繋がります。

最も懸念されるのは、酸性雨は森林を枯らすということです。す

●炭酸

$$CO_2 + H_2O \longrightarrow H_2CO_3$$

二酸化炭素　水　炭酸

ると保水力の無くなった山は洪水を起こし、表面の肥沃な土が流されます。こうなると次の植物は育つことができません。このようにして緑の大地が砂漠化していくのです。

NOxを減少させようと、さまざまな手段が講じられていますが、今のところ難しいようです。

●酸性雨によって枯れた森林

## ⚠光化学スモッグ

NOxのもう一つの困った点は、光化学スモッグの原因になるということです。光化学スモッグが発生すると視界が悪くなり目がチカチカするとか、呼吸器障害が起こったりします。光化学スモッグ発生の機構は複雑ですが、NOxや紫外線、空気中の微粒子によって発生するといわれています。

SECTION 42

# フロンはオゾンホールを作って皮膚ガンを引き起こす

太陽では、水素原子が核融合してより大きな原子になるという核融合反応が起き、莫大なエネルギーを発生します。それと同時に多くの放射線も放出します。放射線は宇宙を突き進み、その一部は地球に達します。これを「宇宙線」といいます。この宇宙線が地表に達したら、地球上の全ての生物は滅びるといわれています。

## ⚠オゾンホール

地球上には多くの生物が繁栄しています。これは、地球には宇宙線を遮るバリアが備わっているからです。このバリアがオゾン層です。オゾン層というのは成層圏の一部を占める、高度20～25㎞にあるオゾン$O_3$の濃度の高い部分のことをいいます。

オゾンは、酸素原子が作る分子ですが、酸素原子2個からなる酸素分子$O_2$と違い、3個の酸素原子からなる分子です。生臭い匂いのする気体で、酸化力が非常に強く、有害ですが、これが宇宙線を遮ってくれているのです。

ところが、1980年代になってオゾン層を研究している研究者が南極上空にオゾン層のない部分があるということを発見しました。この部分はオゾン層の穴ということで「オゾンホール」と名付けられました。このオゾンホールから有害な宇宙線の一部、特に高エネルギーの紫外線が入ってきます。この結果、世界的に皮膚ガンと白内障の患者が増えているといいます。

## ⚠フロンの影響

オゾンホールができた原因は何だろうということで研究が始まり、その結果、フロンが原因であることがわかりました。フロンは天然には存在しない物質です。

●オゾンホール

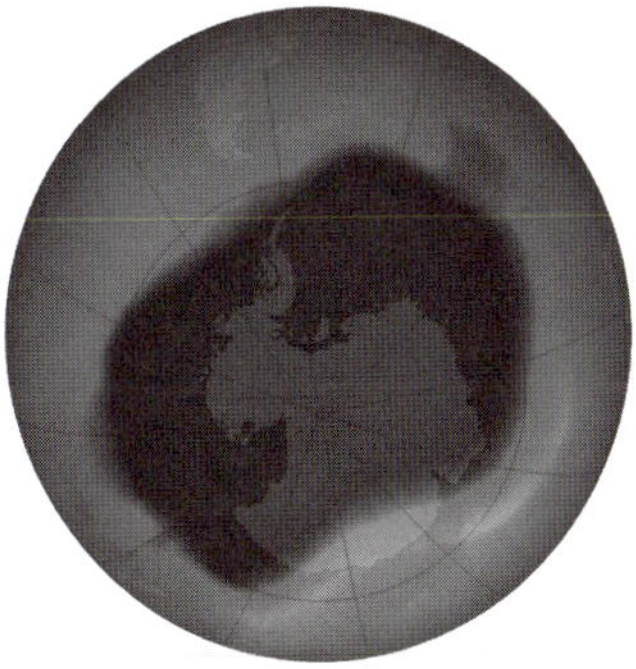

フロンには多くの種類がありますが、典型的なものは炭素C、フッ素F、それと塩素Clだけからできたもので「CFC」といいます。フロンは安定で反応性に乏しく、沸点が低く、気体になりやすいという性質があります。そのため、スプレーの噴霧剤、各種発泡剤、エアコンの冷媒、電子素子の洗浄などに大量に使われました。

空気中に放出されたフロンはオゾン層に達すると紫外線によって分解して塩素ラジカルCl・（塩素原子と同じもの）を発生します。このCl・がオゾンと反応して、オゾンを分解し、酸素分子$O_2$とOCl・ラジカルを発生します。そして、このOCl・ラジカルが2個反応すると酸素分子とともに2個のCl・を発生するのです。

つまり、一度発生したCl・は消滅することなく、何回でもオゾン分子と反応してオゾンを破壊してゆくのです。1個のCl・は1万個ものオゾン分子を破壊するといいます。

●フロンとオゾンの反応

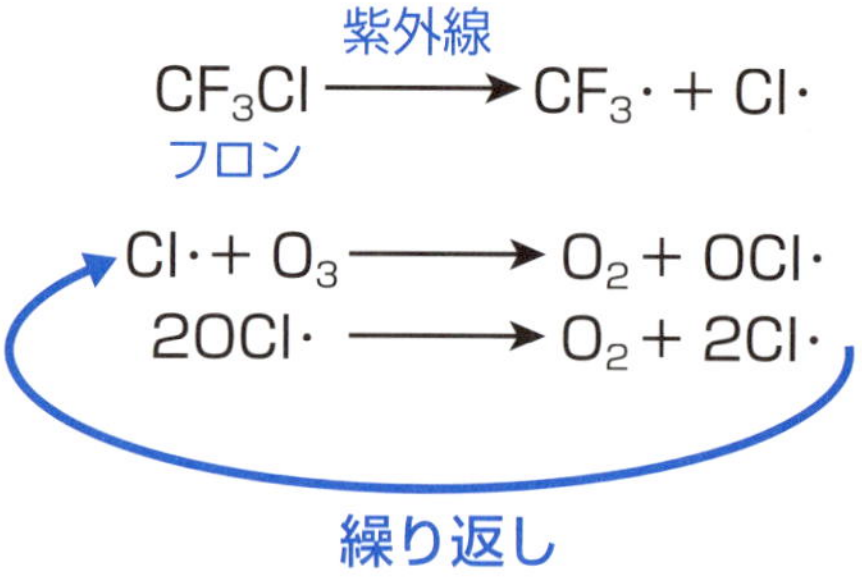

SECTION 43

# 塩素はクロロホルムとなって水道水汚染を引き起こす

水道水は純水ではありません。水道水には、いろいろの物質が溶け込んでいます。その中で現在問題になっているのはトリハロメタン、中でもクロロホルム$CHCl_3$です。なぜ、このような物質が水道水に溶け込むのでしょうか?

## ⚠ フミン質

ヨーロッパなどの大陸を流れる大河の水は、茶色に濁っています。これは泥のためや工場から流れ出る汚水のためではありません。フミン質と呼ばれる天然物が溶けているためです。

フミン質は枯死した植物が好気性細菌によって分解されてできたものです。その分子構造は複雑怪奇です。これは、さまざまな単位分子(原子団)が無秩序に結合したものので、解析のしようもないほどです。非常に大きな分子で、分子量が大きいことから高分子に分類されますが、ポリエチレンやPETなどのように、せいぜい2、3種類の単位分子だけでできた一般の高分子とは全く異なったものです。

フミン質と似た構造を持つ物に石炭があります。フミン質は石炭が水に溶けた物ということができるのかもしれません。

## ⚠クロロホルム

水道水には殺菌のためにカルキ(次亜塩素酸カルシウム)$Ca(ClO)_2$を加えるのが一般的です。カルキは分解して塩素ラジカル(塩素原子)を発生します。これがバイキンを攻撃し殺すので殺菌消毒になるのです。

しかし、塩素ラジカルは大変に反応性の高い物質です。いろいろの物と反応しますが、フミン質もその一つです。その結果生じるのがトリハロメタンです。トリハロメタンの〝トリ〟は数詞の3を意味します。〝ハロ〟はハロゲン原子の事で、フッ素F、塩素$Cl$、臭素$Br$、ヨウ素$I$などを指します。そして、メタンは天然ガスのCメタン$CH_4$です。

つまり、トリハロメタンはメタンの4個の水素のうち3個がハロゲン原子に置き換わったもののことをいうのです。

塩素とフミン質の反応で生じるのはトリハロメタンのうちのクロロホルム$CHCl_3$です。ところがクロロホルムは有毒物質で、発ガン性があるといいます。水道水に含まれるクロロホルム量は微量ですから健康に実害はないといわれていますが、危険なものは無い方がよいに決まっています。そのためには、消毒に塩素を用いなければよいのです。

水道水の殺菌に、オゾン$O_3$を用いた消毒や、高分子フィルムを用いた濾過法なども実用化されていますが、費用がかかるのがネックとなっています。

SECTION 44

# 塩化ビニルを燃やすとダイオキシンが発生する

塩化ビニルを含むゴミを焼却するとダイオキシンが発生します。ダイオキシンは自然界には無い物質ですが、大変に有毒であり、発ガン性も高いといわれています。

## ⚠ダイオキシン

50年ほど前、アメリカはベトナムでベトナム戦争を戦っていました。この時アメリカ兵を悩ましたのがベトコンと呼ばれたゲリラ兵でした。彼らはベトナムのジャングルを利用してアメリカ兵に小規模の奇襲攻撃を掛け続けたのです。

業を煮やしたアメリカ軍はベトナムのジャングルを枯らしてしまおうという作戦に出ました。「枯葉作戦」と名付けられたこの作戦は、ジャングルに飛行機から大量の除草剤2,4-Dを散布するというものでした。

結局この作戦は失敗に終わったようでしたが、散布された地帯では奇形児が生まれたとの話が広がりました。調べたところ、この原因は2,4-Dの中に不純物として含まれるダイオキシンによるものであろうと推定されました。

ダイオキシンは、一般に次の図の様な構造をしています。つまり、一口にダイオキシンといっても、実は非常に多くの種類のダイオキシンが存在するのです。中にはほとんど無毒の物もあります。その中で最も強力な毒性を持つのが図の4個の塩素原子Clが着いたものでした。

## ⚠ダイオキシンの発生

ダイオキシンは有機物（主に炭素Cと水素Hからなる

●ダイオキシン

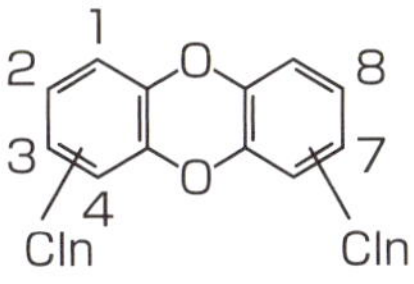


1≦m+n≦10

ダイオキシン

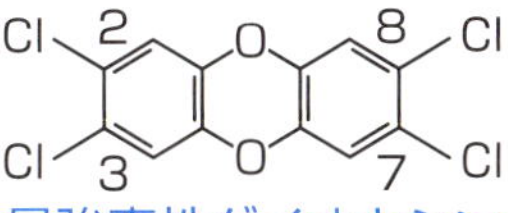


最強毒性ダイオキシン

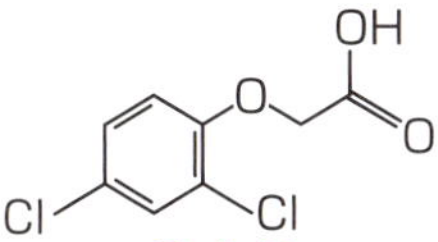


2,4-D

化合物）に塩素Clが着いたものです。わたしたちの身の回りは有機物であふれています。それでは塩素はどこから来るのでしょうか。

身の回りでの塩素の供給源は食塩（塩化ナトリウム）NaClとそれを含む海水、および一般にエンビといわれるポリ塩化ビニルが主なものです。このような塩素供給源と有機物であるゴミを加熱焼却すると、ダイオキシンが発生するといいます。ただしこれは低温で焼却した場合であり、８００℃以上で2秒間以上保持すると、ダイオキシンは発生しないといいます。

そのため、現在では全てのゴミ焼却施設はこの条件を満たすように設計してあるので、ダイオキシンの発生はおさえられているはずです。しかし、工場爆発などによってダイオキシンが居住地に飛散した事件が起こっています。塩素による外傷（塩素挫傷）の報告はありますが、深刻な内臓障害、まして奇形児の誕生などの報告はなく、ダイオキシンの有害性に疑問を呈する声もあるようです。

●ポリ塩化ビニル

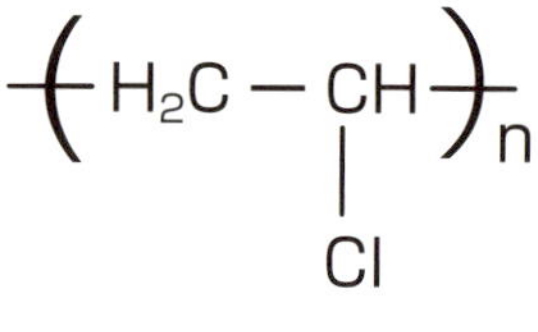

SECTION 45

# NOxとオゾンが反応すると光化学スモッグが発生する

夏の暑い日に光化学スモッグ警報が出るときがあります。光化学スモッグが発生すると目がチカチカし、異物感が感じられ涙が出て、喉に痛みを感じ、咳や皮膚に赤い発疹が出るといいます。ひどい場合には手足がしびれ、眩暈《めまい》や頭痛が生じ、重症になると呼吸困難、意識障害まで起こすといいますから、大変なことです。

## ⚠ スモッグ

スモッグ（smog）というのは英語の煙（smoke）と霧（fog）を併せて作った造語です。産業革命を経て工業の盛んになったイギリスでは日夜を問わず、工場から石炭を焚く煙がモクモクと立ち上りました。それと、高緯度で寒いイギリス特有の霧が合体して、有害な霧状物質が発生したのです。

1909年にイギリスのエディンバラとグラスゴーで起こったときには、1000人以上の人が亡くなり、それをきっかけにスモッグという言葉が使われ始めたといいます。スモッグで最大の被害を出したのは、1952年12月に起こったロンドンスモッグ事件といわれています。この事件では二酸化硫黄(亜硫酸ガス)$SO_2$を多く含んだ濃いスモッグが5日間にわたって市街に停滞し、死者は、冬の期間全体で約1万人以上に達したといいます。

## ⚠光化学スモッグの原因

光化学スモッグというのは、光(紫外線)に

●光化学スモッグ

©Fidel Gonzalez

よって生じた、このようなスモッグ状の有害物質のことをいいます。

光化学というのは、光によって起こる化学反応全般のことをいいます。化学物質はエネルギーを受け取ると反応を起こします。普通の化学反応は熱エネルギーによって起こりますが、光、主に紫外線のエネルギーによって起こる化学反応もあります。このような反応を特に「光化学反応」といいます。

光化学スモッグというのは、光化学反応によって生じたスモッグのことをいうのです。光化学スモッグを発生するための原料は窒素酸化物NOx、適当な有機物、オゾン$O_3$、それとエネルギー源である光、紫外線です。これらが複雑な反応を起こして光化学スモッグが発生するのですが、その反応機構は明らかになっていません。発生しやすい条件としては、次の内容が上げられていますが、風向きなども複雑に影響します。

❶ 時期は5月から9月にかけて
❷ 時間は日中。特に、10時頃から17時頃まで
❸ 天候は晴れ又は薄曇。日射が強いと発生しやすく、雨の日は発生しない
❹ 気温は高め。25℃以上

SECTION 46

# 石膏ボードに嫌気性細菌が働くと硫化水素が発生する

第1章で硫化水素$H_2S$がどれくらい恐ろしい気体かということを見ました。硫化水素は火山ガスに含まれ、ある種の入浴剤と洗剤との反応でも発生します。しかし、それだけではないのです。思いもかけないところで発生し、人の命を奪っているのです。

## ⚠清掃作業現場での事件

事件は愛知県半田市の下水道の清掃作業現場で起きました。

2002年3月、下水道（マンホール）に溜まった汚泥を除去するため、バキュームカーからのホースをマンホール内に入れ、ホースで泥を吸い取る作業を行っていました。ところが、内部で作業をしていた1名がマンホールからフラフラした状態で上半身を出しましたが、直後にマンホール内に墜落してしまいました。

地上にいた作業員がこれを救助しようとマンホール内に入りましたが、そのまま、マンホールから出てこなくなったといいます。異常に気づいたガードマンが消防署に救助を要請し、マンホール内部にいた5名を救助しましたが、全員亡くなったという悲惨な事件でした。

## ⚠事故の原因

直ちに現場の状況が調査されました。そして、マンホール内の気体成分を検査したところ、高濃度の硫化水素が存在することが明らかになりました。亡くなった人の直接の原因は硫化水素中毒であることがわかりました。それでは、下水道マンホール内で、なぜ硫化水素が存在したのでしょうか?

実は、この硫化水素は細菌によって発生したのでした。現場の近くには建築物の取り壊しによって生じた廃棄物が置いてあり、その中には部屋の天井や壁なども積んでありました。

ところがこれらの多くは石膏ボードで、素材として石膏（主原料：硫酸カルシウム $CaSO_4$）が用いられています。すなわち、硫黄Sが入っているのです。これが雨によって溶けだし、マンホールに入りました。マンホールの中は空気（酸素）が少ない状態です。まして、マンホールの中に堆積した汚泥は酸素不足です。ということは嫌気性（酸素を嫌う）細菌にとっては絶好の棲家です。そして、この嫌気性細菌の中に、硫黄Sを硫化水素$H_2S$に変えるものがいたのです。

このような悲惨な事故を二度と起こさないように、次の安全策が確認されました。

❶ マンホール内の酸素、硫化水素などの濃度測定の徹底
❷ 換気の実施
❸ 空気呼吸器、送気マスクの備え付けなど

どれも極めて当然のことですが、慣れている現場では、時としてないがしろになるのかもしれません。充分に注意したいものです。

SECTION 47

# 火山爆発

２０１３年には西之島新島が爆発、２０１４年には御嶽山が爆発しました。火山の爆発は地球が生きているんだということを再認識させられます。

## 地球は火の玉

冷たい大地といいますが、冷たいのは表面だけです。地球は直径約１万３０００㎞の球ですが、その表面、深さ30㎞までを「地殻《ちかく》」といいます。その下はマントルで、そのさらに下は「核《かく》」といいます。マントルの温度は３０００℃、核の温度は６０００℃ですから、太陽の表面温度と同じくらいです。地殻だって数百ｍも掘れば熱くなって、人間には耐えられないほどの温度になります。

なぜ、こんなに熱いのでしょうか？　それは「誕生時に溶けた溶岩の塊であった地球の熱が残っている」などという理由ではありません。そのような熱は誕生以来の46億年という年月の間にすっかり宇宙に放出されています。

地球が冷え切った岩石の塊にならないのは、地球の内部で原子核反応が起きており、その熱で暖まっているのです。

マントルでは岩石は融けてドロドロになっています。この熔融岩石は地殻にも存在し、これを「マグマ」といいます。このマグマが地表に現れるのが火山爆発であり、それが固まった物が火山なのです。

## ⚠水蒸気爆発

一般に火山の爆発といわれるものには2種類あります。1つ目は、マグマが地表に現れる現象であり、これを「溶岩爆発」といいます。この場合には地下から上昇したマグマが冷えて岩石となるので、山は成長して大きくなります。西之島の噴火がこの例になります。マグマが流動的であれば流れ下って富士山のような流線形になります。

2つ目は、上昇したマグマが地下水に触れ、地下水が沸騰膨張して岩石を吹き飛ばす現象です。これを「水蒸気爆発」といいます。この場合には、液体の水が気体の水蒸気に変化することによる急激な体積膨張が爆発の原因になります。

●水蒸気爆発

水の分子量は18ですから、1モルの水の重さは18g、18㎖＝0・018Lです。これが1気圧0℃で気体になると22・4Lとなります。しかし、水が気体になるのは100℃ですから、その時の体積は、ほぼ30Lです。すなわち、水の体積の1500倍以上になるのです。

水蒸気爆発の場合には、山が吹き飛ばされるのでその分、山は崩れて小さくなり、カルデラと呼ばれる孔が空いたりすることになります。

阿蘇山の草千里とか、蔵王のお釜といわれるのがこの例です。最近では、御嶽山の爆発が印象に残ります。

水蒸気爆発は、家庭でも起こります。エビのテンプラを揚げる時に、尻尾の先を切ります。これは、尻尾の中に入っている水が加熱されて水蒸気となり、尻尾を破って出てくることを避けるためです。これが起こると熱い油が飛び散り、火傷や火事の原因になるからです。

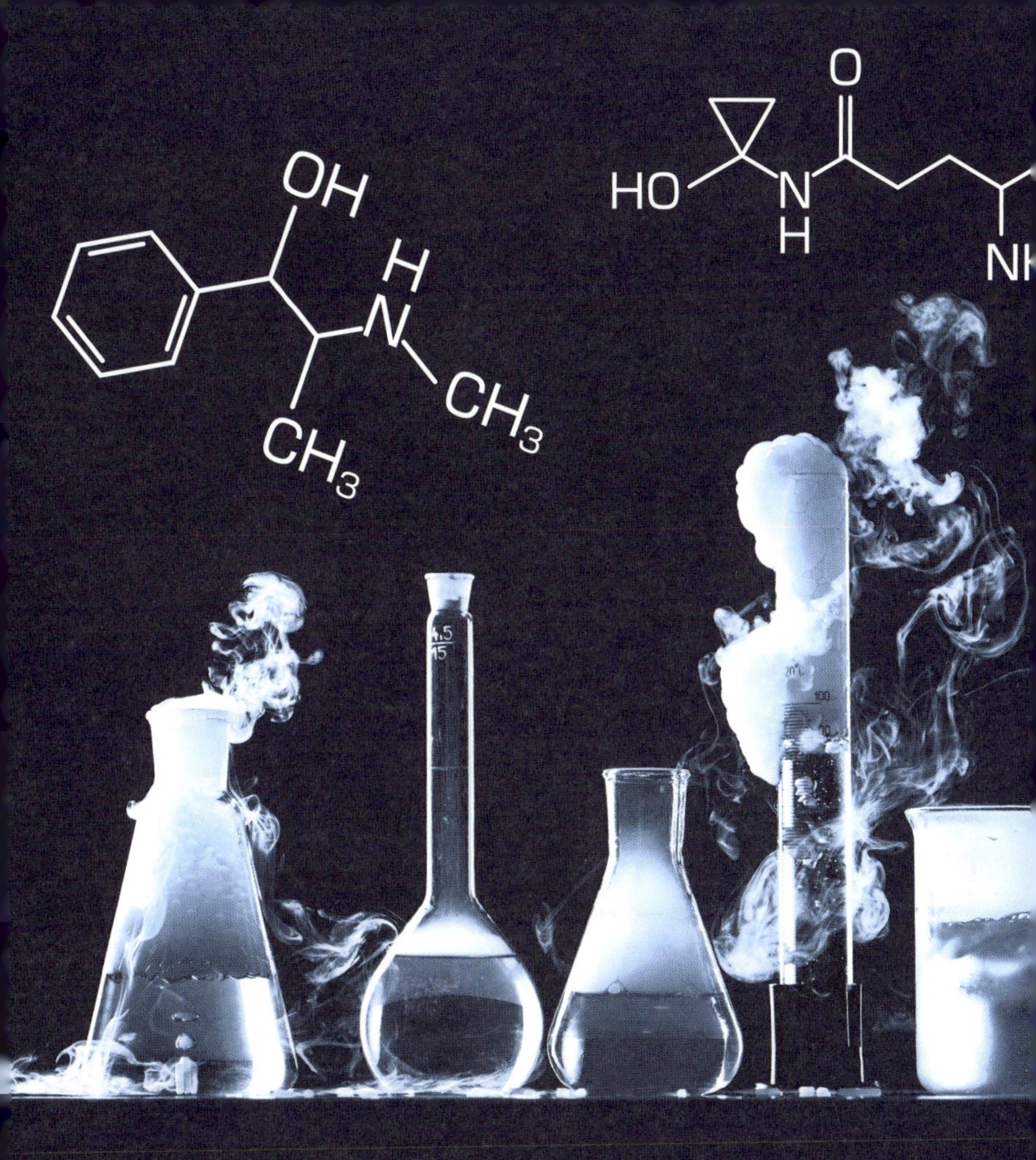


# Chapter. 6
# 原子炉で起こる反応

SECTION 48

# 原子核をつくるもの

原子炉は原子核の持つエネルギーを取り出す装置です。そこでは原子核の起こす反応、原子核反応が起こっています。原子核とは何でしょうか？　原子と原子核とは、どういう関係なのでしょうか？

## ⚠原子の構造

原子は雲でできた球のようなものです。雲のように見えるのは「電子雲」であり、複数個の電子から構成されています。1個の電子は−1に荷電しています。ですから、Z個の電子からなる電子雲は−Zの電荷をもつことになります。

化学反応は、この電子雲が起こす反応です。ですから、原子にとって電子雲が何個の電子からできているかは非常に重要な意味を持ちます。逆にいえば、電子の個数が同じ原子は、化学的に全く同じ性質、反応性を持ちます。

電子雲の中心に小さく重い(密度が大きい)球があります。これが原子核です。原子核の直径は電子雲(原子)の直径の1万分の1しかありません。すなわち、原子核の直径を1㎝とすると、原子の直径は100mということになります。しかし、原子の全質量の99.9%は原子核の質量です。

原子核は+に荷電しています。そして、電子雲の電荷量と原子核の電荷量は

●原子の構造

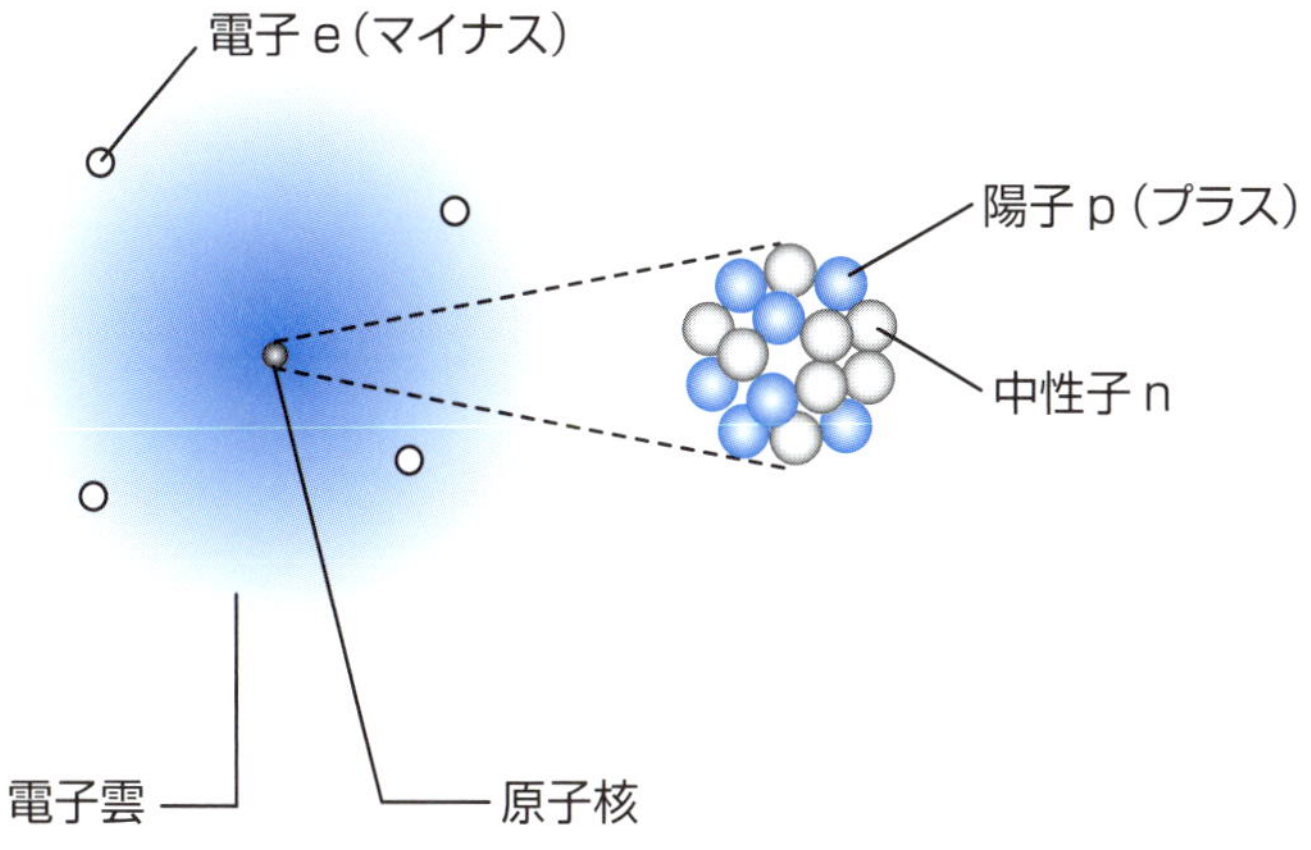

互いに釣り合うので、原子全体としては電気的に中性となっています。

## ⚠原子核の構造

原子核は「陽子」と「中性子」という2種類の球からできています。陽子と中性子は互いに質量は同じですが、電荷が違います。すなわち、1個の陽子は＋1の電荷をもちますが、中性子に電荷はありません。

原子の持つ陽子の個数を「原子番号Z」といいます。一方、陽子と中性子の個数の和を「質量数A」といいます。Zは元素記号の左下、質量数は左上に添え字として書きます。

そして、原子は原子番号Zと同じ個数の電子を持つのです。同じ原子番号を持つ原子の集団を「元素」といいます。つまり水素元素に属する原子は、すべて陽子数1個であり、原子番号1です。

●原子番号と質量数

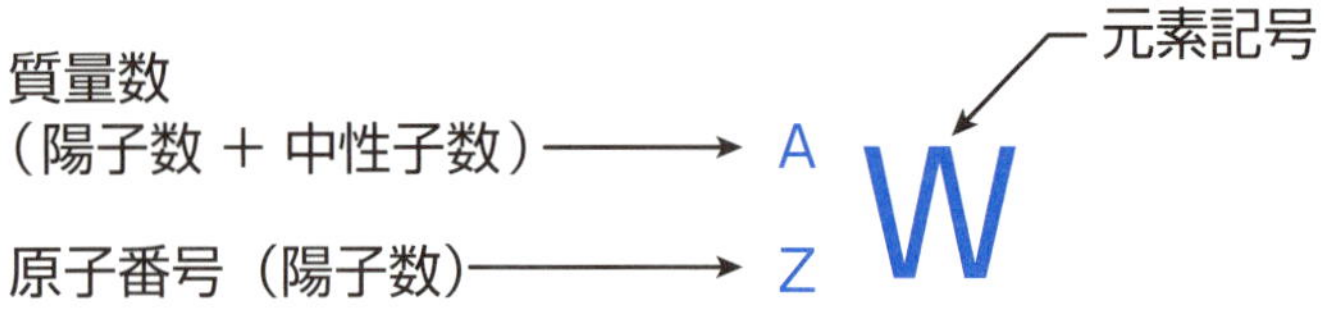

## ⚠同位体

しかし、水素原子の中には、中性子を持たないもの、1個持つもの、2個持つものがあります。このように、原子番号が同じなのに質量数が異なるものを互いに「同位体」といいます。水素原子には、中性子を持たない普通の水素（軽水素）$^{1}$H、中性子を1個もった重水素$^{2}$H（記号D）、3個持った三重水素$^{3}$H（記号T）の3種類があります。

同位体の存在量は、一般に互いに大きく異なります。水素の場合は、$^{1}$Hが99・985%、$^{2}$Hが0・015%、そして、$^{3}$Hは、ほとんど存在しません。原子炉の燃料として使われるウランUの場合は、$^{235}$Uが0・7%、$^{238}$Uが99・3%ですが、燃料になるのは$^{235}$Uだけです。

同位体は互いに原子番号が同じですから、化学的性質は全く同じです。しかし、原子核の性質は大きく異なります。原子核反応では同位体が重要な働きをします。

SECTION 49

# 原子核反応

分子は反応を起こして他の分子になります。同じように原子も反応を起こして他の原子になります。他の原子ということは、原子番号$Z$が異なるということです。

つまり、原子の反応は本質的に原子番号、すなわち陽子数が変化することを意味します。もちろん、原子番号が変わるということは、他の元素に変化するということでもあります。

昔は、「元素は不変のものだ」といわれました。しかし現代化学の下では、元素も他の元素に変化するのです。金という元素を他の元素から作ることも可能なのです。かつてペテンの代表のようにいわれた、錬金術は可能になったのです。

## ⚠原子核エネルギー

分子や原子がエネルギーを持つように、原子核もエネルギーを持ちます。このエネルギーは主に陽子と中性子の間の結合エネルギーによるものです。結合エネルギーが多ければ安定であり、少なければ不安定と見ることができます。

このように考えると、原子核を低エネルギーで安定な原子核と高エネルギーで不安定な原子核に分けて考えることができます。次の図は原子核の安定性を模式的に表したものです。図の上部にある原子は高エネルギーであり、下部の物は低

●原子核のエネルギーと質量数の関係

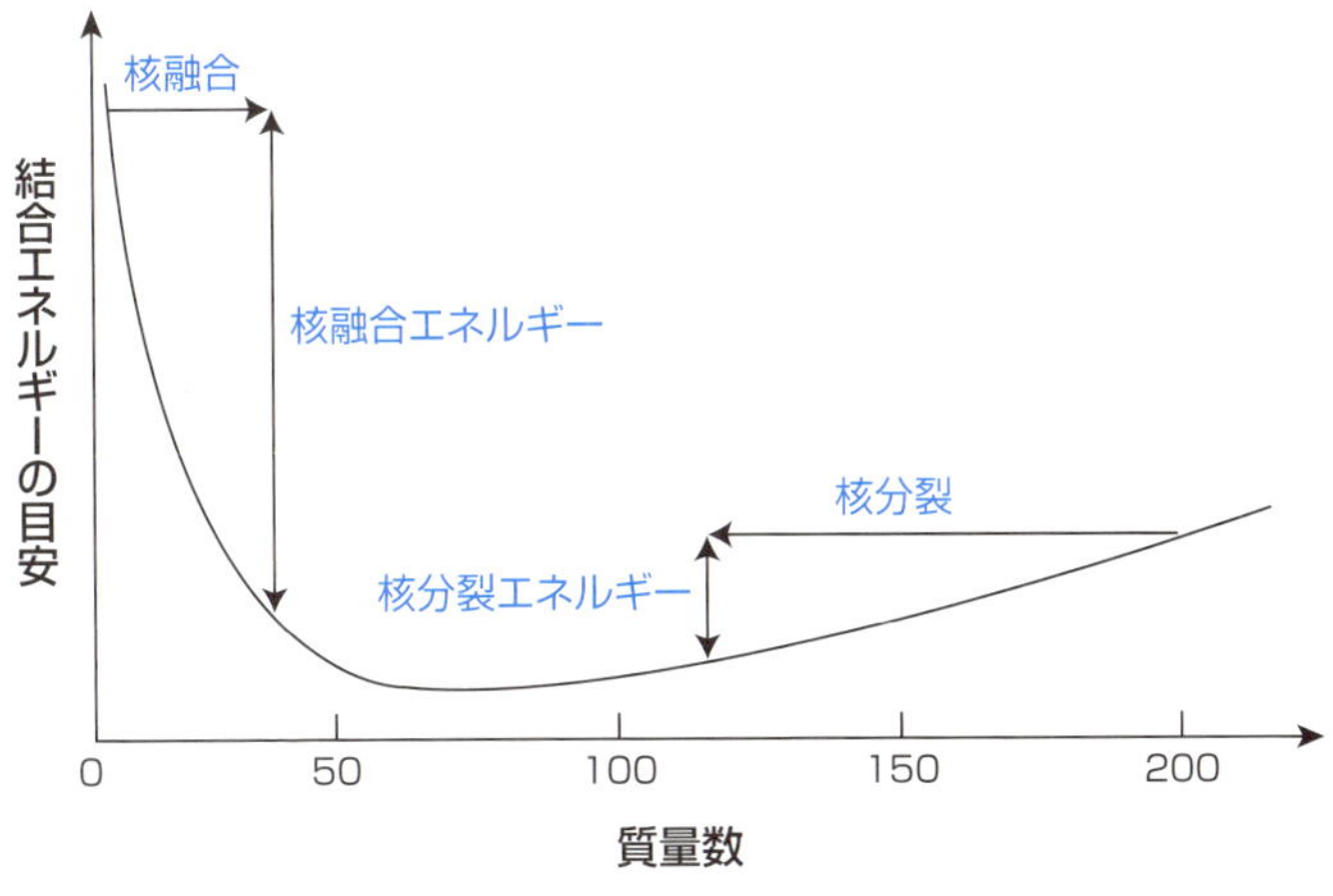

エネルギーです。そして、横軸は質量数です。この図を見ると質量数が約60、すなわち鉄が最も安定な原子核であることがわかります。

## ⚠原子核反応の種類

原子核は、さまざまな反応を起こします。原子核反応を大きく分けると「原子核融合」「原子核分裂」「原子核崩壊」の3つにわけることができます。

### ❶原子核融合

原子核融合は、小さい原子が2個融合して大きな原子核になる反応です。図でいえば右に進行する反応です。これは高エネルギーで不安定な原子核が低エネルギーで安定な原子核に変化する反応です。反応が進行したら余分なエネルギーが発生します。これが「核融合エネルギー」です。太陽などの恒星が輝くエネルギー、水素爆弾のエネルギーは、このエネルギーです。

### ❷ 原子核分裂

大きな原子核が何個かの小さい原子核に分裂する反応もあります。これが原子爆弾や原子炉で行われる原子核分裂反応です。この反応で生じるエネルギーを「核分裂エネルギー」といいます。

### ❸ 原子核崩壊

原子核が小さい粒子を放出して他の原子核に変化する反応です。この時放出された小さい粒子を「放射線」といいます。高エネルギーで生命体に大きな被害を与えます。

SECTION 50

# 原子核崩壊

前の項目で見た3種の原子核反応のうち、核融合は太陽などの恒星で起こっている反応であり、また水素爆弾で起こる反応です。また、核分裂反応は、原子爆弾や原子炉で起こる反応です。そのため有名であり、よく知られていると思います。しかし、原子核反応の中では特殊な反応です。それに対して、日常的に進行し、私たちに大きく影響する原子核反応があります。それが原子核崩壊なのです。

## ⚠ 放射線

原子核は安定なものばかりではありません。不安定なものがたくさんあります。そのような原子核が安定な原子核に変化する反応、それが「原子核崩壊」です。

すなわち、原子核が自分の一部を粒子として放出し、より小さくて安定な原子核に変化するのです。この時放出された小粒子、あるいは高エネルギー電磁波を一般に「放射線」といいます。

放射線には多くの種類がありますが、よく知られたのは次のものです。

### ❶ α線

高速で飛ぶ$^{4}$Heの原子核です。高エネルギーで危険ですが、電荷をもち、粒子としても大きいので遮蔽するのは簡単です。皮膚や紙でも遮蔽できます。

### ❷ β線

高速で飛ぶ電子です。厚さ数㎜のアルミニウム板で遮蔽されます。しかし、β線が物体に衝突すると、物体からγ線が放射されるので、それの遮蔽が必要になります。

### ❸ γ線

高エネルギーの電磁波です。紫外線やX線も高エネルギー電磁波ですが、それらより高エネルギーで害が大きいと思えばいいでしょう。遮蔽するには厚さ10㎝以上の鉛板が必要といわれています。

**❹中性子線**

高速で飛行する中性子です。中性子は電荷も磁性も持たないので、遮蔽は困難です。鉛板で遮蔽するなら厚さ1mは必要といわれています。しかし、ありがたいことに水で効果的に遮蔽されます。

原子炉の反応で生じた使用済核燃料を水の入ったプールに保管するのは、冷却の意味とともに中性子線を遮蔽する意味もあるのです。

**❺重粒子線**

炭素や酸素など、小さな原子の原子核です。ガンの治療に用いられる放射線療法に利用されます。

## ⚠原子核崩壊の反応式

化学反応に化学反応式があるように、原子核反応にも反応式があります。それを合理的に表現できる反応の典型が原子核崩壊です。

原子核崩壊の反応式では左辺と右辺で、原子番号Z、原子量Aが保存されます。つまり、左辺の原子核X（原子番号Z、質量数A）がα崩壊（α線を放出する反応）して新しい原子Yに変化したとしましょう。α粒子は$^{4}\mathrm{He}$の原子核ですから原子番号2、質量数4です。つまり、新しい元素Yの原子番号はZ-2、質量数はA-4となるのです。

●原子核崩壊の反応式

$$^{A}_{Z}\mathrm{A} \longrightarrow {}^{A-4}_{Z-2}\mathrm{B} + {}^{4}_{2}\mathrm{He} \qquad (\alpha\text{線})$$

$$^{A}_{Z}\mathrm{A} \xrightarrow{\beta} {}^{A}_{Z+1}\mathrm{C} + {}^{0}_{-1}\mathrm{e} \qquad (\beta\text{線})$$

$$\left( {}^{1}_{0}\mathrm{n} \longrightarrow {}^{1}_{1}\mathrm{p} + {}^{0}_{-1}\mathrm{e} \right)$$

$$^{A}_{Z}\mathrm{A} \longrightarrow \underset{\text{準安定核}}{{}^{A}_{Z}\mathrm{A}^{*}} \xrightarrow{\text{崩壊}} \mathrm{D} \qquad (\gamma\text{線})$$

$$^{A}_{Z}\mathrm{A} \xrightarrow{n} {}^{A-1}_{Z}\mathrm{A} + {}^{1}_{0}\mathrm{n} \qquad (\text{中性子線})$$

$$^{A}_{Z}\mathrm{A} \xrightarrow{p} {}^{A-1}_{Z-1}\mathrm{E} + {}^{1}_{1}\mathrm{p} \qquad (\text{陽子線})$$

SECTION 51

# ラジウム温泉は放射線を出す

原子核反応というと、多くの人は原子爆弾や原子炉事故のことを思い浮かべ「原子核反応＝怖い」というイメージが定着しているようです。原子核反応は確かに大量のエネルギーと放射線を放出する危険な反応です。しかし、決して珍しい反応ではありません。私たちの身のまわり、それどころか、体内で四六時中起こっているのです。

## ⚠ラジウム温泉

ラジウム温泉といわれる温泉があります。鳥取県の三朝温泉や大阪府の有馬温泉、秋田県の玉川温泉などが有名です。このような温泉では、温泉水にラドンRnという気体が溶け込んでいます。ラドンは、ウランUやラジウムRaが原子核崩壊することによって発生する放射性元素です。

地中にあるウランやラジウムが原子核崩壊するとラドンが発生します。ラドンが地下水に吸収されて地熱で加熱され、温泉として湧出したものが一般に「ラジウム温泉」あるいは「放射能泉」と呼ばれるものです。

ラドンは$\alpha$線、$\beta$線、$\gamma$線を放出する放射性物質です。そのため、ウラン鉱山で働く人の肺に吸着され、そこで放射線を出すことによる放射線障害がこのような人たちの職業病とされています。また、ラドンは地下室、あるいは石造りの空間に多いため、このような環境では放射線に注意するようにとの指摘もあります。

## ⚠ 放射線ホルミシス

このように危険な放射性物質であるラドンを含んだ温泉がなぜ有名であり、健康によいといわれているのでしょうか?

それは放射線ホルミシスという考えに基づくものです。この考えは、大量の放射線を短時間に浴びれば健康に悪いが、少量の放射線を時折浴びるのは健康によいという考えです。なにやら、ラジウム温泉のキャッチコピーにうってつけのような気もします。簡単にいえば、お酒の一気飲みは命にかかわるが、晩酌は健康によいというのと似た考えといえばわかりやすいでしょう。しかし、放射線ホルミシスには医学的な根拠はないといいます。各人の自己責任ということでしょう。

## ⚠地球を暖める原子核崩壊

大地が冷たいとされているのは、わずか30㎞ほどの厚さしかない近くの部分だけです。地殻だって深い穴を掘れば暖かく、さらに熱くなります。地殻の下はマントルであり、数千℃の温度で岩石も融けています。地球の中心温度は6000℃といいます。太陽の表面温度と同じです。

地球が熱いのは、地球内部でさまざまな放射性元素が原子核崩壊をしているからです。その時に発生する熱で地球は始終、加熱し続けられているのです。そのために地球は熱いのです。その意味では、地球は今も生きているといえるでしょう。私たちは地球という原子炉の上で生きているのです。

SECTION 52

# 体内で進行する原子核崩壊

## 炭素の崩壊

地球には上空から宇宙線、地面からは前の項目で解説した原子核崩壊による放射線が浸みだしてきます。しかし、これはその気になれば、例えば厚さ１ｍもあるような鉛でできた箱の中に入れれば遮蔽することができるでしょう。

しかし、それでも遮蔽できない放射線があります。それは、私たちの体の中で発生する放射線です。体内で発生するものですから避けようがありません。しかも、内臓は皮膚も無く、軟らかいですから、放射線の影響をもろに受けます。それはどのような放射線でしょうか？

体内で放射線を出す元素はいくつかあります。１つは炭素です。炭素は生体を作る有機物を構成する主要元素です。普通の炭素は質量数12の$^{12}$Cですが、この炭素の同位体に$^{14}$Cがあります。これは全炭素原子のわずか$1.2\times10^{-8}$%しか含まれませんが、必ず含まれます。

これがβ線を出して窒素$^{14}$Nに変化します。つまり、私たちは常にこのβ線の内部被ばくにさらされているのです。

## ⚠カリウムの崩壊

もう一つはカリウムKです。これは神経伝達において重要な働きをする元素です。神経細胞内を情報が移動するときには、細胞内のカリウムイオン$K^+$が細胞外に放出され、代わりにナトリウムイオン$Na^+$が入ってきます。この変化に基づく神経細胞の電位変化が情報となって伝わ

●炭素の崩壊

$$^{14}\mathrm{C} \longrightarrow \mathrm{e}\ (\beta\text{線}) + {}^{14}\mathrm{N}$$

●カリウムの崩壊

$$^{40}\mathrm{K} \longrightarrow \mathrm{e}\ (\beta\text{線}) + {}^{40}\mathrm{Ca}$$

るのです。

カリウムは、大部分が非放射性の$^{39}K$ですが、0.012%だけ放射性の$^{40}K$が含まれます。これが$\beta$線を出してカルシウム$^{40}Ca$に変化するのです。

## ⚠人工放射性元素の崩壊

炭素やカリウムは天然の状態で含まれているものですから、私たちにとって避けようのないものです。それに対して、原子爆弾の爆発や原子炉の事故で放出されるのが人工放射性元素です。

これには、主なものとしてもヨウ素Iの同位体$^{131}I$、セシウムCsの同位体$^{137}Cs$、ストロンチウムSrの同位体$^{90}Sr$などがあります。これらはどれも$\beta$線を放出します。

これらが体に付着したり家の中に入っただけでも危ないですが、まして空気や食物に紛れて体内に入った場合には危険です。

とはいっても、問題は濃度です。いたずらに神経質になることはないでしょうが、当局の注意に従って慎重な行動を取ることが大切です。

SECTION 53

# 原子核崩壊の利用

ここまでは、原子核崩壊反応の怖い面だけを解説してきました。原子核崩壊反応は確かに怖い反応です。しかし、人類は怖いからといって逃げ回るだけではありません。積極的にこれを利用しようとします。

## ⚠年代測定

面白い利用法は年代測定です。古い木の彫刻があったとしましょう。これがいつごろ作られていたのかを推定するのが「年代測定」です。

このために利用されるのが$^{14}C$の原子核崩壊です。これは$\beta$崩壊して$^{14}N$になりますが、その半減期は5730年です。ということは、最初100だけあった$^{14}C$

が、５７３０年経つと半分の50になり、更に５７３０年経つと50の半分の25になるということを意味します。

木が成長している時には、空気中の二酸化炭素を吸って光合成をします。したがって、木材を構成する炭素の$^{14}C$含有量は空気中の二酸化炭素の$^{14}C$含有量と同じです。しかし、木材が伐り倒されたら光合成はストップします。すなわち、その時点から木材中の$^{14}C$は減少し続けます。

したがって、木彫の$^{14}C$濃度が、空気中の濃度の半分になっていたら、その木材は切り倒されてから５７３０年経ったことを意味します。つまり、木彫が作られたのは今から５７３０年をさかのぼるものではないということがい

●年代測定

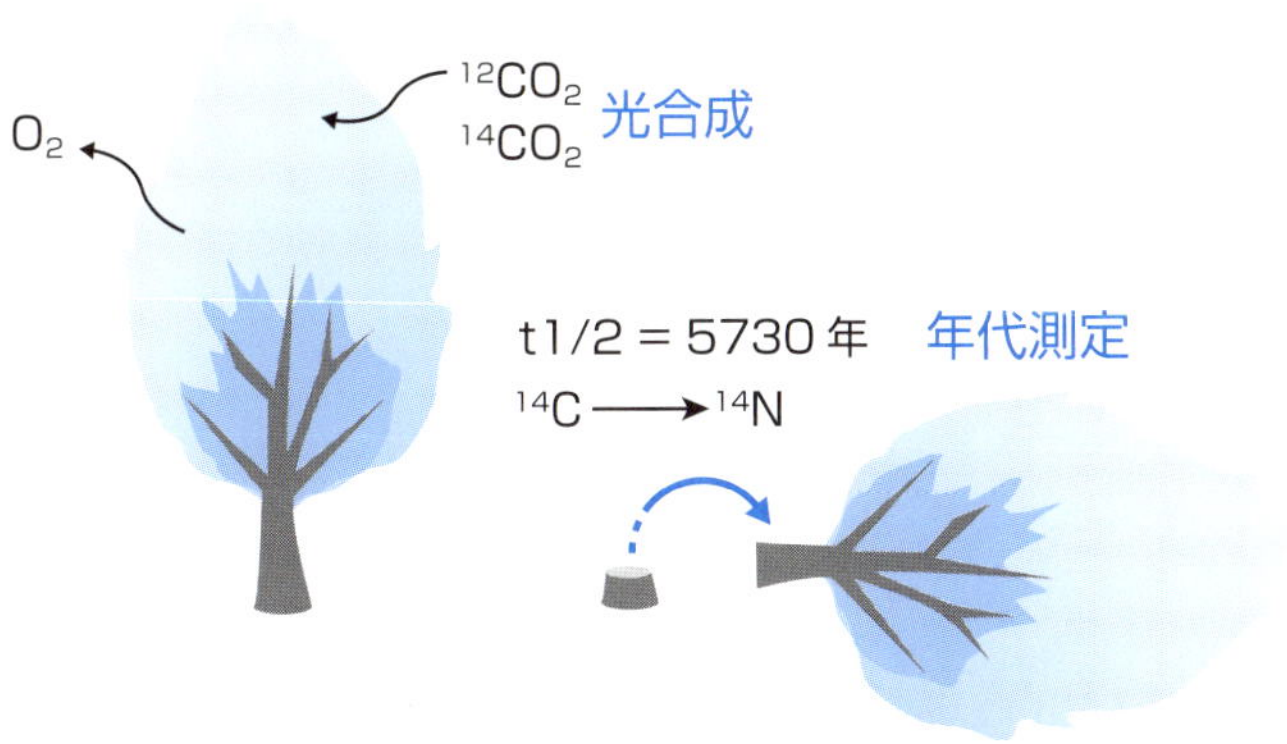

えるのです。
この推定が成り立つためには、空気中の$^{14}C$濃度は常に一定という条件が必要です。そして、この条件は満たされることがわかっています。地中の原子核崩壊や宇宙線の影響によって、空気中には常に$^{14}C$が補給され、空気中の$^{14}C$濃度は一定になっているのです。

## ⚠医療・産業

現在のガンの治療は外科的手術、内科的化学療法、それと放射線療法の三本立てとなっています。放射線療法は、放射性物質の出すさまざまな放射線をガン腫瘍に照射してガン腫瘍を壊すものです。

放射線は食物や農作物の殺菌などにも用いられています。日本で許されているのはジャガイモの発芽阻害です。これは人工放射性元素の$^{60}Co$が、原因となって放出されるβ線をジャガイモに照射し、発芽を阻害するのです。ジャガイモは発芽すると、芽の周囲に有害な物質のソラニンが生産されることがわかっています。

SECTION 54

# 核融合反応

原子核の反応でよく知られたのは核融合と核分裂でしょう。原子核反応の項目で解説したように、鉄より小さい原子核は核融合するとエネルギーを発生し、反対に鉄より大きな原子核は核分裂することによってエネルギーを発生します。

## ⚠ 核融合反応

太陽などの恒星では、水素原子Hが融合してヘリウムHeになることによって、エネルギーを生産し、光と熱を放散しています。人類がこれを再現したのが水素爆弾ですが、これは世界を破壊するだけです。

核融合のエネルギーを平和的に利用しようとして計画されているのが「核融合炉」に

よる発電です。しかし、この技術は大変に難しく、今から30年前に「この技術が実現するのは30年以上先であろう」といわれていましたが、それから30年経った今も同じようにいわれています。

水素原子を融合するといっても、水素原子には3種類の同位体があります。どの同位体（核種）を用いるかによって反応の難易度が異なってきます。

恒星などで起こっている反応は$^{1}H$（陽子、プロトンp）同士の融合（pp反応）ですが、これは反応条件が厳しく（実現温度50億℃）、実現は困難とみなされています。重水素$^{2}H$（D）同士の反応

●核融合反応

pp反応　$^{1}H + ^{1}H \longrightarrow ^{2}He$

DD反応　$^{2}H + ^{2}H \longrightarrow ^{3}H + ^{1}H$

$^{2}H + ^{2}H \longrightarrow ^{3}He + ^{1}n$

DT反応　$^{2}H + ^{3}H \longrightarrow ^{4}He + ^{1}n$

●リチウムLiと中性子nの反応

$^{7}Li + ^{1}n \longrightarrow ^{3}H + ^{4}He + ^{1}n$

(DD反応)は、pp反応よりは可能性があります(実現温度10億℃)。しかし、最も実現性が高いのは重水素と三重水素$^{3}H$(T)の反応(DT反応)です(実現温度1億℃)。

ただし、三重水素は天然界には少ないのでリチウムLiと中性子nの反応で作ってやる必要があります。

## ⚠ 核融合炉

このような核融合反応を行う装置が核融合炉です。これだけ巨大な装置になると1国だけでの開発は困難であり、現在、フランスで共同の実験炉を作って研究中です。

核融合炉の利点の最大のものは燃料として水素を用いるので、資源の枯渇の心配が無いということでしょう。そのほかにも「核分裂による原子力発電と同様、二酸化炭素の放出がない」「核分裂反応のような連鎖反応がなく、暴走が原理的に生じない」などがあります。

SECTION 55

# 核分裂反応

## 連鎖反応

ウランUなどの大きな原子核が分裂して何個かの小さな原子核になる反応を「核分裂」といいます。核分裂によって生じる小さな原子核を「核分裂生成物」、同時に生じるエネルギーを「核分裂エネルギー」といいます。

人類が最初に核分裂を利用したのは原子爆弾という破壊兵器でした。原子爆弾の実際の使用例は日本に落とされた2発だ

●枝分かれ連鎖反応

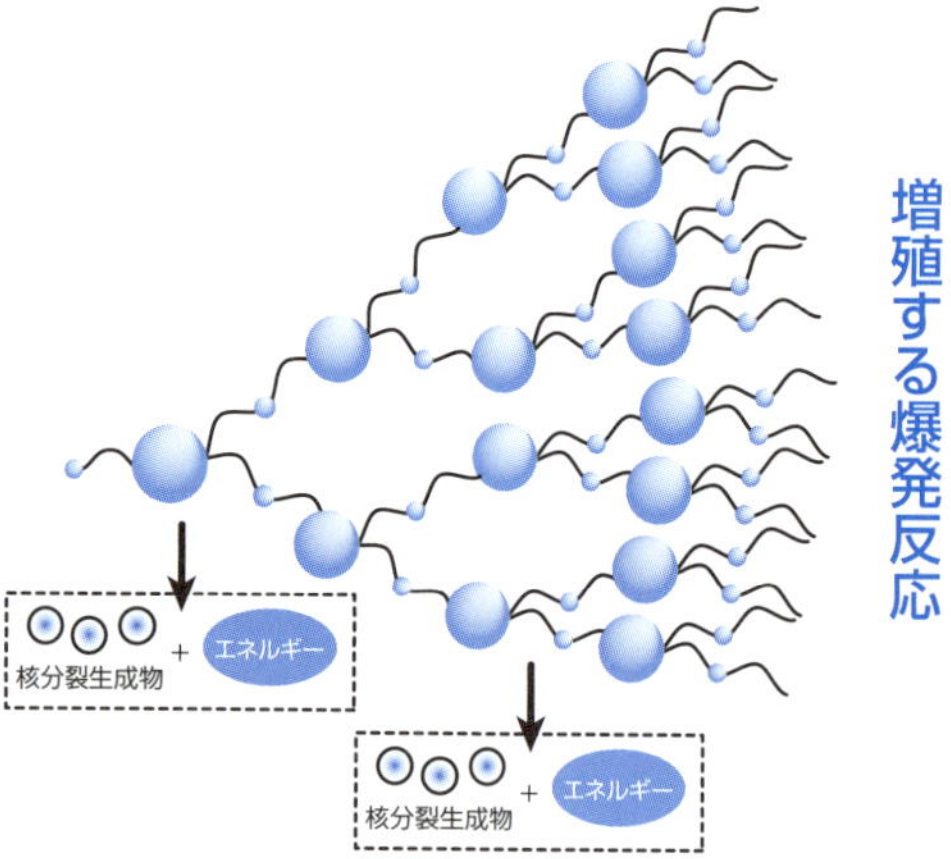

けです。広島に落とされたものはウランを用いたものであり、長崎に落とされたのはプルトニウムPuを用いたものでした。

　ウランの同位体である$^{235}U$の原子核に中性子が衝突すると原子核は分裂して、核分裂生成物、エネルギーとともに複数個（簡単に解説するため2個とします）の中性子を放出します。この2個の中性子が2個の原子核に衝突して核分裂を起こすと4個の中性子が発生します。このような反応が繰り返されると反応の規模はネズミ算的に拡大し、ついには爆発になります。このような反応を「核分かれ連鎖反応」といいます。

　しかし、もし発生する中性子が1個だけなら、反応は継続しますが、反応の規模は一定のままです。このような反応を「定常連鎖反応」といいます。原子炉で行われる核分裂反応はこのような反応です。

●定常連鎖反応

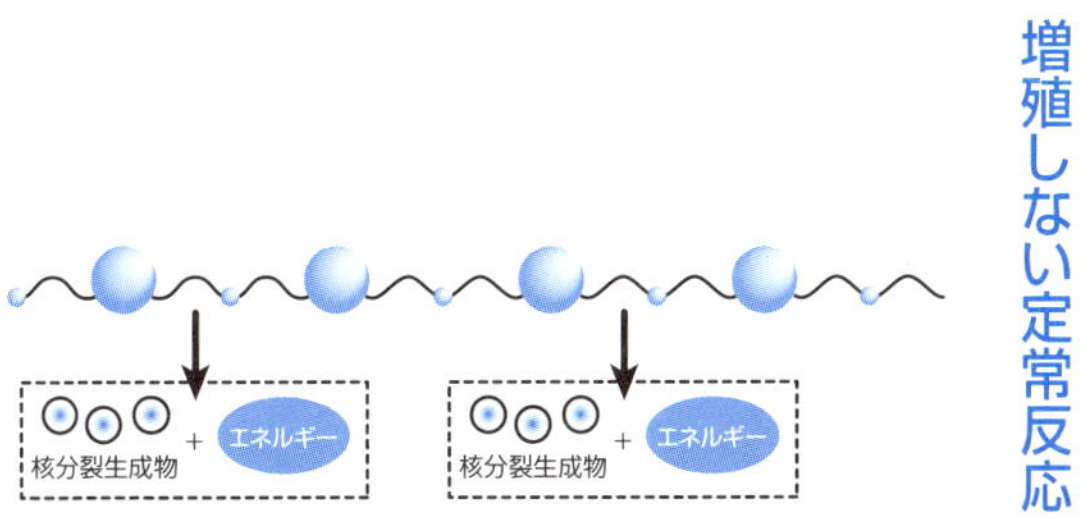

## ⚠臨界

ウランは自発的核分裂を起こして、自分だけで少量の中性子を放出します。ウランの塊が小さいときには、中性子は他の原子核に衝突することなく、塊の外に出てしまいます。したがって何も起こりません。

しかし、塊が大きいと、中性子は塊の外に出る前に他の原子核に衝突します。こうなると連鎖反応が始まり、爆発に至ります。この、爆発になるための最小量の塊の量を「臨界量」といいます。ウランに限らず、放射性物質を臨界量以上の塊にしてはならないというのは放射性物質を扱う人にとっては絶対の鉄則です。

原子爆弾は、この原理を逆手に用いたものです。臨界量のウランの塊を二分します。この2個を爆弾の容器に入れ各々の後ろに火薬を置くのです。必要なときに火薬を爆発させれば、2個の塊は接合して臨界量に達し、爆発に至ります。この方式を銃身型といい、広島に投下された原子爆弾がこの形式でした。

SECTION 56

# 原子炉の原理

原子炉は$^{235}$Uの核分裂を定常的に持続させ、熱エネルギーを取り出す装置です。そのためには確保しなければならない必須の条件があります。

## 核燃料

天然ウラン中に存在する$^{235}$Uは0・7%に過ぎません。残りは$^{238}$Uです。ウランを原子炉の燃料として用いるには$^{235}$Uの濃度を数%に高める必要があります。原子爆弾に用いるなら少なくとも75%は必要といいます。濃度を高める操作を「濃縮」といいます。

同位体は化学的性質が全く同じですから、濃縮には原子核の重さの違いを用いる以外ありません。そのためにウランをフッ素Fと反応させて気体の六フッ化ウラン$UF_6$

として、何段にも連続した遠心分離器で分離します。

## 制御材

核分裂が枝分かれになって爆発することのないようにするためには、1回の核分裂で発生する中性子の個数を1個に抑えなければなりません。これは実質的には余分な中性子を吸収して除いてやれば済むことです。この操作を行う素材を「制御材」といいます。制御材にはホウ素B、ハフニウムHfなど中性子を吸収する物質を用います。

## 減速材

原子核反応で発生する中性子は大きな運動エネルギーを持ち、光速の何分の一というスピードで飛び回る高速中性子です。しかし、$^{235}U$は、高速中性子とは反応しません。$^{235}U$と効率的に反応させるためには、スピードを落として速度が秒速数kmの熱中性子にしてやらなければなりません。このための素材を「減速材」といいます。

中性子は電荷も磁性も持っていないので、「飛行速度を落とすためには質量の近い物体に衝突させる以外ありません。中性子と質量が似ているものは陽子、すなわち水素の原子核です。このようなことから減速材には水（軽水）、重水、黒鉛（炭素）などが用いられます。

それぞれを用いた原子炉を「軽水炉」「重水炉」「黒鉛炉」といいます。軽水炉は平和用、重水炉と黒鉛炉は原子爆弾に用いるプルトニウムを生産する能力が高いので軍事用といえます。

## ⚠冷却材

原子炉で発生した熱を取り出して外部の発電機に伝える素材（熱媒体）を「冷却材」といいます。軽水炉と重水炉では減速材が冷却材を兼ねることになります。黒鉛炉では二酸化炭素などが用いられます。

## ⚠ 使用済み核燃料

$^{235}U$が燃焼（核分裂）した後に残る、いわば燃えカスを「使用済み核燃料」といいます。使用済み核燃料の正体は核分裂生成物です。これは非常に不安定な原子核の集合体であり、大きなエネルギーと大量の放射線を放出して安定な原子核に変化しようとしています。

もちろん、非常に危険ですから人間は触れることはもちろん、近づくこともできません。しばらくは、水を張ったプールに保管します。水を用いる理由は冷却と放射線からの遮蔽のためです。

使用済み核燃料中には高速増殖炉の燃料になるプトニウムなどが混じっています。これを化学処理によって取り出すことを「再処理」といいます。

SECTION 57

# 原子炉の構造

火力発電は、ボイラーで沸かしたスチーム（水蒸気）を発電機のタービンに噴射することでタービンを回し、発電します。原子力発電も同じで、原子炉で沸かしたスチームで発電機のタービンを回します。

つまり、原子炉はボイラーの役割をしているだけなのです。発電機は火力発電用も原子力発電用も、原理的に同じです。

## ⚠原子炉の構造

次の図は、これ以上ないほど単純化した原子炉の模式図です。

$^{235}U$で作った燃料体の間に制御材が挿入されています。制御材は図の上下に動きま

す。制御材が燃料体の間に深く挿入されれば中性子をたくさん吸収するので、原子炉の出力は低下します。反対に引き抜けば上昇します。つまり制御材は原子炉のアクセルであり、ブレーキなのです。この部分が故障したら大変なことになります。

原子炉の中は、減速材と冷却材を兼ねる一次冷却水で満たされています。これが核分裂で発生する熱で加熱されてスチームに

●単純化した原子炉の模式図

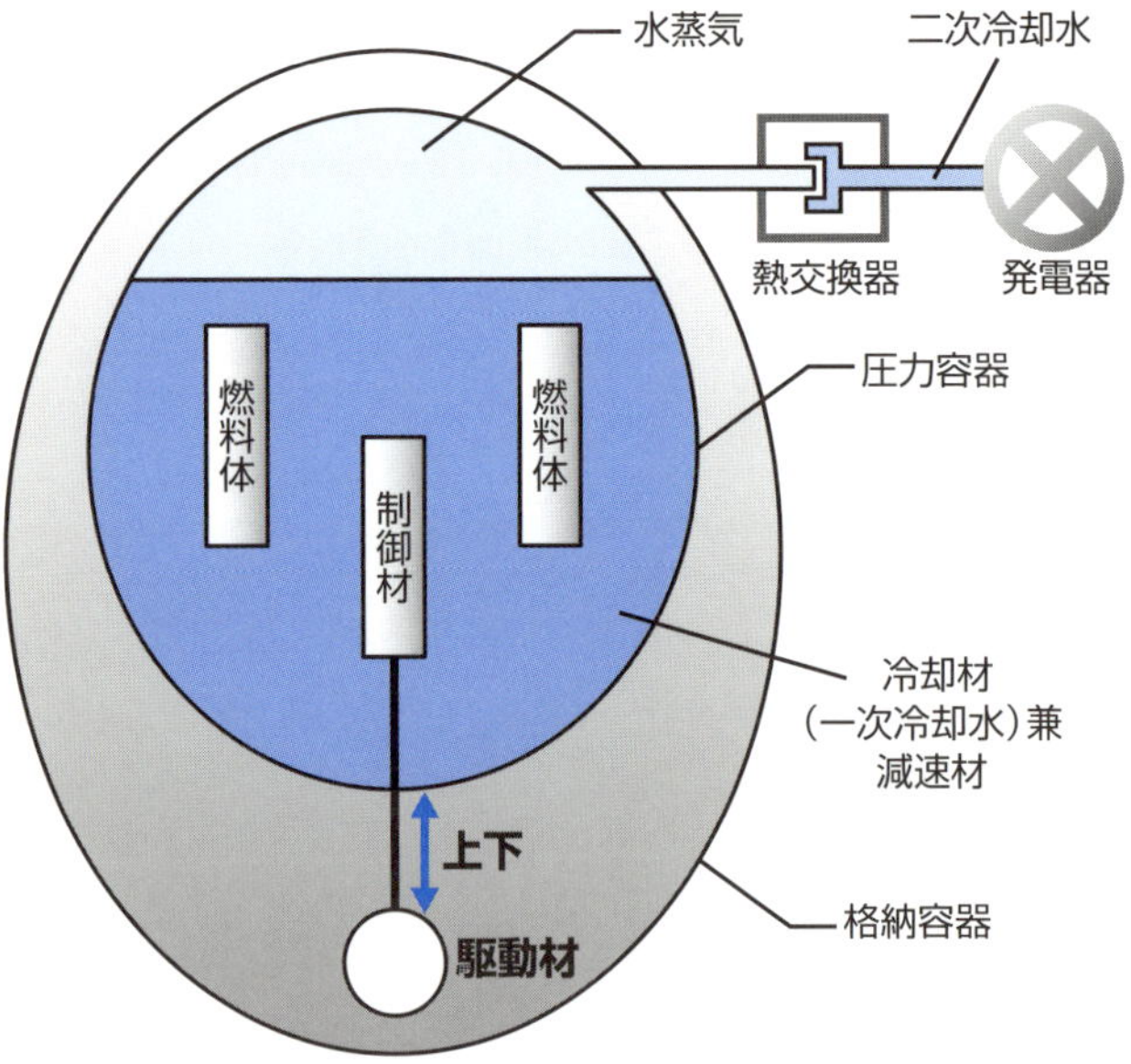

なります。このスチームが外部に導かれて熱交換器で二次冷却水をスチームにし、これが発電機を回します。こうすることによって、放射線で汚染された一次冷却水が環境に放出されるのを防いでいるのです。

## ⚠圧力容器と格納容器

原子炉の容器は高圧の水蒸気の圧力に耐えられるように作られているので「圧力容器」といいます。厚さ20㎝ほどのステンレス鋼でできています。その外側を覆うのが格納容器で、厚さ数㎝のステンレス鋼と厚さ3ｍ程のコンクリートでできています。

SECTION
58

# 高速増殖炉

高速増殖炉は魔法のようなものです。燃料を燃やすと熱を出し、燃料が燃え終わった後には、最初の燃料より多い燃料が残っているのです。つまり、燃料が〝増殖〟するのです。なお、〝高速〟の意味は、増殖が高速で起こるということではなく、〝高速中性子〟を用いるという意味です。

## ⚠高速増殖炉の中心であるプルトニウム

高速増殖炉の原理は簡単です。天然ウランの99・3%を占める$^{238}U$(原子番号92)は、高速中性子と反応して$^{239}U$(原子番号92)になります。これは$\beta$線を放出する$\beta$崩壊をしてネプツニウム$^{239}Np$(原子番号93)になり、さらに$\beta$崩壊してプルトニウム

$^{239}Pu$（原子番号94）になります。

この$^{239}Pu$は$^{235}U$と同じように原子炉の燃料として用いることができます。$^{239}Pu$は核分裂をして熱を発生し、同時に高速中性子を発生します。

プルトニウムは、自然界には存在しない元素ですが、通常型原子炉の使用済み核燃料の中に入っています。それは、燃料体の中の$^{238}U$が原子炉の中で発生する高速中性子と反応してできたものです。この使用済み核燃料を再処理して$^{239}Pu$を取り出します。

## ⚠ 高速増殖炉の原理

この$^{239}Pu$の周りを$^{238}U$で取り巻いた燃料を作って、原子炉で燃やします。$^{239}Pu$は分裂して熱を出し、スチームを作って発電します。高速増殖炉にとって大切なことは、この時、同時に高速中性子を発生するということです。この高速中性子を周囲の$^{238}U$が吸収して$^{239}Pu$になるのです。

これが燃料増殖の原理です。つまり、それまで燃料でなかった$^{238}U$が〝燃

●プルトニウムの発生

$$^{238}U + {}^{1}n \longrightarrow {}^{239}U \xrightarrow[\beta\text{崩壊}]{-e^-} {}^{239}_{93}Np \xrightarrow[\beta\text{崩壊}]{-e^-} {}^{239}_{94}Pu$$

料の$^{239}$Pu〟に変化したというわけなのです。これが、燃料が〝増殖〟した、つまり最初の量より増えたという意味なのです。

## ⚠高速増殖炉の問題点

このようにすばらしい高速増殖炉ですが、問題もあります。それは冷却剤として水を使えないということです。先に見たように、水素原子は、中性子の減速材として働きます。つまり、高速中性子を熱中性子にしてしまうのです。これでは$^{238}$Uを$^{239}$Puに変えることはできません。

それでは冷却剤として何を用いればよいのでしょうか？油は水素原子を持っているので使えません。水銀は比重（13・6）が大きすぎて原子炉が構造的に耐えられません。結局行き着いたのは、軽くて（比重0・97）、融けやすい（融点98℃）ナトリウム金属Naでした。

●高速増殖炉の原理

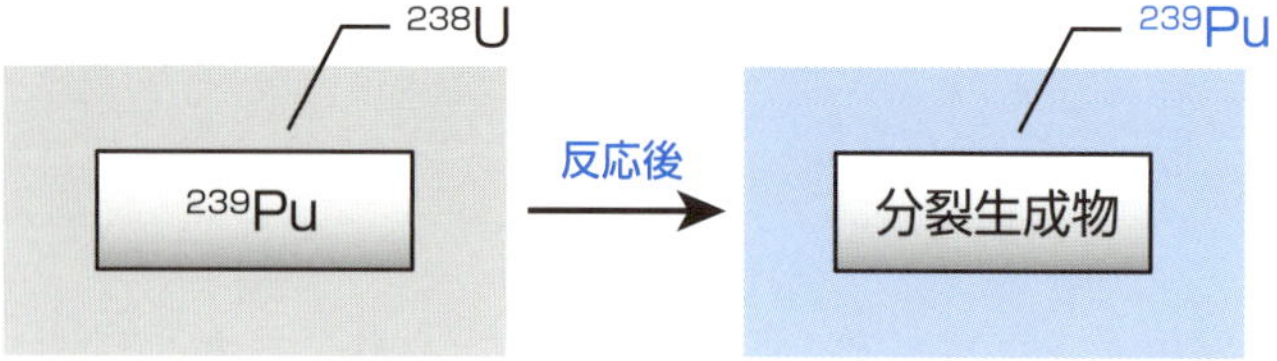

SECTION 59

# 原子炉の事故

原子力発電所を建設するためには、建設予定地域の住民の了解を得ることが重要です。その際に、建設したいという人たちが言うのは「絶対に安全」ということです。しかし、技術に「絶対安全」ということはありえません。どのような技術も必ずいつかは破綻します。

## ⚠ スリーマイル島原子力発電所事故

1979年3月28日、米国ペンシルベニア

●スリーマイル島原子力発電所

州にあるスリーマイル島にある原子力発電所で事故が起こりました。基本的には冷却水の漏洩《ろうえい》だったのですが、運転等の人的対応に問題がありました。原子炉内が高温になり、炉心の一部が熔融し、放射性物質が外部環境に放散されました。具体的な被害者の数は明らかにされていませんが、原子力発電史上に残る重大な事故とされています。

## ⚠チェルノブイリ原子力発電所事故

１９８６年４月26日、ロシア（旧ソビエト連邦）のチェルノブイリに建設された原子力発電所が暴走を始めました。制御材の操作では制御できなくなり、炉心の核燃料は溶融し、爆発しました。この爆発によって飛散した放射性物質は、広島に投下された原子爆弾によるものの４００倍といわれています。

しかし、事故は当時の共産主義政権の時代のものであり、死傷者数を含めて事故の詳細は明らかではありません。その後、事故を起こした原子炉は、厚いコンクリートで覆われ、石の棺桶といわれました。しかし、この棺桶も中性子線をはじめとする放射線によって脆弱化し、更なる棺桶を構築しなければならないといわれています。

## ⚠東海村臨界事故

直接的には原子炉の事故ではありませんが、高速増殖炉関係でも深刻な問題が起きています。

1999年9月30日、茨城県東海村で起きた事故です。

ここでは高速増殖炉の実験施設「常陽」で用いる核燃料の製造実験が行われていました。先に、核燃料、放射性物質を扱う場合に最も大切なことは、臨界量を超えないことだと解説しました。

この施設でも、決して臨界量を超えることのないように、綿密なマニュアル(取扱い説明書)が決まっていました。ところが、この操作を何回も行って慣れてしまった作業員が、マニュアルを無視した作業を行ってしまったのです。

自然現象は、人間の事情など見向きもしません。臨界量に達した放射性物質は、自然の摂理の通り、自発性核分裂を開始し、大量の中性子等の放射線を放出しました。その害によって、周辺住民は一時非難となり、大変な被害が生じました。もちろん二人の作業員は悲惨な死を遂げました。

## ⚠高速増殖炉「もんじゅ」の事故

高速増殖炉は夢の技術であるが、問題もあるということは前にお話ししました。それは、冷却剤として金属ナトリウムNaを用いなければならないということです。

化学者はナトリウムと聞けば「水→水素→爆発→大変!」という連想が働きます。ナトリウムは金属です。しかし、爆発するのです。

つまり、ナトリウムNaと水$H_2O$が出会うと、大量の熱(高温)とともに水素ガス$H_2$が発生するのです。$H_2$は高温や火花があれば空気中の酸素$O_2$と爆発的に反応して水になります。すなわち、ナトリウムは爆発性の金属なのです。

高速増殖炉の中では、Puの核分裂によって生じた熱を吸収するために、細管を通じて熔融した液体Naが高速で循環しています。この細管に孔が空いたらどうなるでしょう?

数百℃という高温のNaが外部に漏れだします。もちろん、外部に水分

●ナトリウムと水の反応

$$2Na + H_2O \longrightarrow Na_2O + H_2$$

があったら大爆発です。そのときには、原子炉もただでは済まないでしょう。

1995年12月8日、そのような事故が実際に起きました。福井県敦賀市にある高速増殖実験炉「もんじゅ」でした。ここで高熱（750℃）の熔融ナトリウムが流れる管に孔が空き、その孔から高熱ナトリウムが漏れ出しました。漏れだした量は640㎏といいます。

幸いなことに、漏れ出した周辺には水はなく、しかもコンクリートの床の間には厚さ3㎝の鉄板が敷いてありました。そのため、爆発も起こらず、人的被害もありませんでした。しかし、後に、ナトリウムを除いて見ると、鉄板は浸食されて厚さ6㎜になっていたといいます。

コンクリートは、岩石ではありません。コンクリートを固めているのは水の力（主に水素結合）です。高温のナトリウムとコンクリート内部の水が接触したらと考えると怖い気がします。

SECTION 60

# 東北大震災に伴う原子炉事故

2011年3月11日、東北地方は東日本大震災によって未曾有な大被害を受けました。地震とともに発生した大津波は多くの家屋や人命を奪いました。この時、大きな被害を受け、この先何十年も復旧作業が続くと思われているのが、福島第一原子力発電所です。

## ⚠電源喪失

この福島第一原子力発電所で起こった事故は、自動車の衝突事故のような1回の事故というよりは、何回もの事故が連続して起こったものと考えてよいでしょう。

地震発生と同時に原子炉(圧力容器)内では制御材が挿入され、核分裂反応は停止されました。ここまでは、原子力発電装置は正常に稼働したといえるでしょう。しかし、問題は、この後でした。

最初に起こった事故は、津波による電源装置の破壊でした。原子炉は核分裂を停止しても、燃料中の核分裂生成物は勝手に原子核崩壊を起こし、高熱を発します。そのため、圧力容器内を冷やすために冷却水を循環させなければなりません。

このための電源が壊れたのです。高温になった圧力容器内では水蒸気が発生し、高圧になりました。圧力容器の破裂を防ぐために圧力弁を開けて水蒸気を外部に逃がしました(ベント)。すると、圧力容器内の水位が下がり、燃料体がむき出しになり、高温になりました。

## 水素爆発

燃料体はジルコニウムZr合金のジルカロイで覆われています。ところが、ジルコニウムは高温になると水と反応して水素ガスを発生します。

この水素ガスが圧力容器と格納容器から漏れ出して発電所建屋内に溜まり、それが静電気などによって爆発を起こしたのです。これが水素爆発でした。

水素は使用済み核燃料の保管プールでも起きたようです。ここも冷却水の循環が止まったため高温となり、ジルカロイの反応が起きて水素ガスが発生したらしいのです。

## ⚠炉心溶融

高温になった圧力容器内では燃料体が融け、多くの燃料体ペレットが熔融したようです。これを「炉心溶融」といいます。こうなると臨界量を超えるので自発的核分裂が発生し、反応はとまるところを知らなくなります。現在、溶融した核燃料は、圧力容器を貫徹した可能性もあり、何処にあるのか不明のようです。

圧力容器を冷却するため、現在も容器内に冷却水の注入循環が続いています。循環系統は完全に復旧しておらず、水漏れが起こります。この水は放射線で汚染されており、環境に流出することはできません。何

●ジルコニウムと水の反応

$$Zr + 2H_2O \longrightarrow ZrO_2 + 2H_2$$

処かに保管しなければなりません。

保管のためのタンクが林立する光景は不気味です。タンクは、次々と増設しなければならなくなり、古いタンクはやがて破損して水漏れを起こすでしょう。

他にも地下水の流れの問題もあります。山から流れ出た地下水は、原子炉の地下を通り、放射線で汚染されてから海に流れ出ますので、大変な海洋汚染になります。地下水が原子炉地下を通らないように流路を遮断する必要があります。

そのために考え出されたのが凍土です。原子炉建屋の周囲に冷凍機を据え、建屋周辺の土を凍らせて、いわば氷の壁を作るというものです。大変な電力が恒久的に必要なことになります。

一連の事故は数日で終わりましたが、復旧は、この先何十年もかかるといわれています。

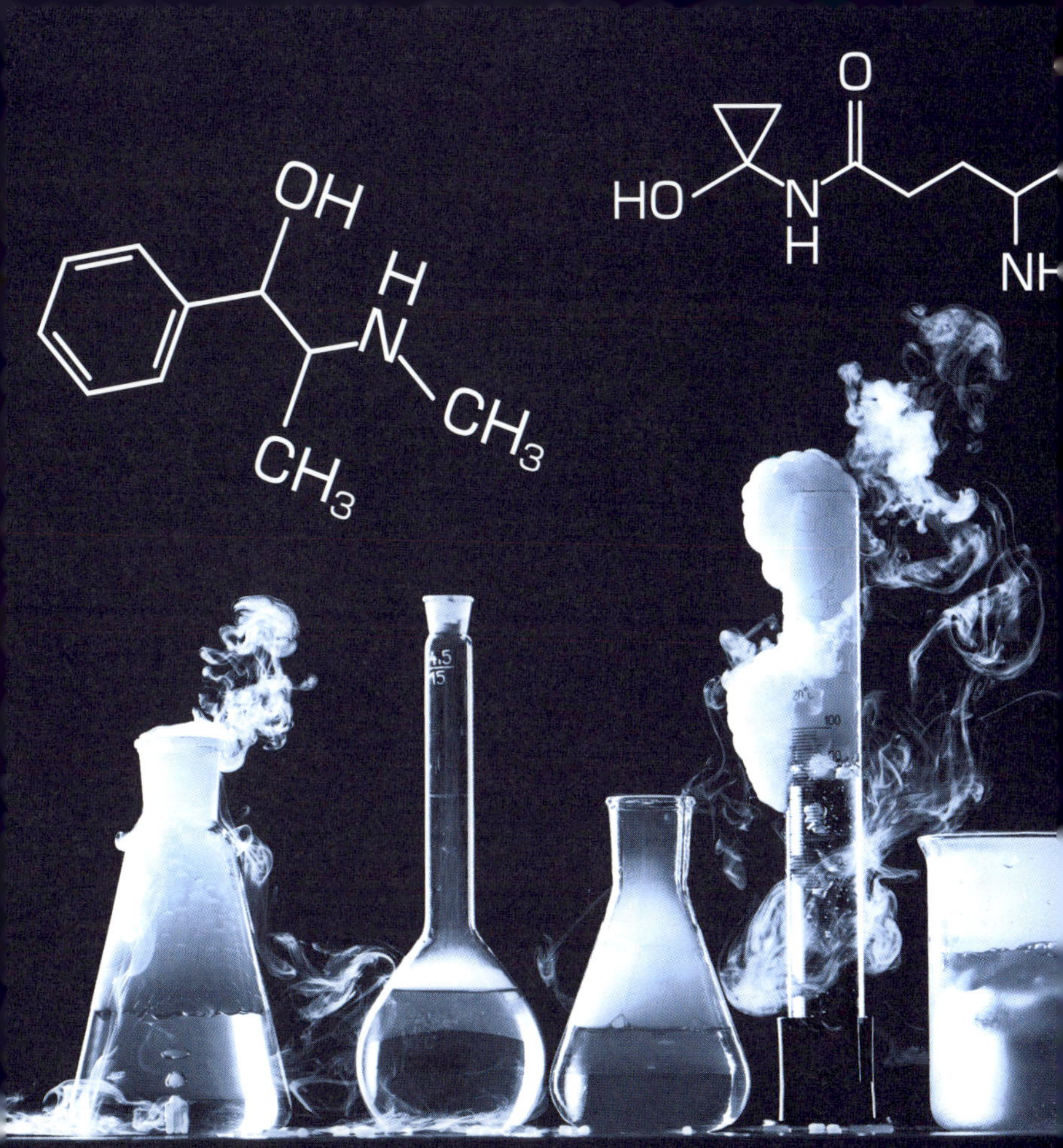

# Chapter. 7
# 化学物質の性質と反応

SECTION
# 61 化学式の基本用語

これまでにたくさんの化学反応とそれを表す化学反応式、分子式や構造式を解説してきました。ここでは、あらためて基本的な用語などを整理してみましょう。

## ⚠原子に関係したもの

### ❶原子

物質を作る最小単位の粒子です。原子は、非常に小さな原子核とそれを取り巻く電子雲からできています。

### ❷原子核

原子核は、陽子と中性子からできています。原子を構成する陽子の個数を「原子番号

(記号Z)」、陽子と中性子の個数の和を「質量数(記号A)」といいます。

### ❸ 元素記号

水素H、炭素C、酸素Oなど、元素を表す記号です。これは元素の名前の頭文字ですが、元素の名前は英語、フランス語、ラテン語などいろいろです。

### ❹ 周期表

元素を原子番号の順に並べ、適当な位置で折り返したものです。カレンダーは日にちをその順で並べ、7日ごとに折り返したものですから、周期表は元素のカレンダーといえます。周期表で縦に並んだ元素は互いに性質が似ています。

## ●周期表

□：金属元素
□：非金属元素

| | 1 | 2 | 3 | 4 | 5 | 6 | 7 | 8 | 9 | 10 | 11 | 12 | 13 | 14 | 15 | 16 | 17 | 18 |
|---|---|---|---|---|---|---|---|---|---|---|---|---|---|---|---|---|---|---|
| 1 | H | | | | | | | | | | | | | | | | | He |
| 2 | Li | Be | | | | | | | | | | | B | C | N | O | F | Ne |
| 3 | Na | Mg | | | | | | | | | | | Al | Si | P | S | Cl | Ar |
| 4 | K | Ca | Sc | Ti | V | Cr | Mn | Fe | Co | Ni | Cu | Zn | Ga | Ge | As | Se | Br | Kr |
| 5 | Rb | Sr | Y | Zr | Nb | Mo | Tc | Ru | Rh | Pd | Ag | Cd | In | Sn | Sb | Te | I | Xe |
| 6 | Cs | Ba | Ln | Hf | Ta | W | Re | Os | Ir | Pt | Au | Hg | Tl | Pb | Bi | Po | At | Rn |
| 7 | Fr | Ra | An | Rf | Db | Sg | Bh | Hs | Mt | Ds | Rg | Cn | | Fl | | Lv | | |

| | | | | | | | | | | | | | | | |
|---|---|---|---|---|---|---|---|---|---|---|---|---|---|---|---|
| ランタノイド(Ln) | La | Ce | Pr | Nd | Pm | Sm | Eu | Gd | Td | Dy | Ho | Er | Tm | Yb | Lu |
| アクチノイド(An) | Ac | Th | Pa | U | Np | Pu | Am | Cm | Bk | Cf | Es | Fm | Md | No | Lr |

## ⚠分子に関係したもの

### ❶分子

水や砂糖など、純粋な物質の性質を持った最小粒子であり、水分子、砂糖分子などがあります。分子は複数個の原子が結合してできたものです。

### ❷分子式

分子を構成する原子の種類と個数を表した式(記号)です。水の分子式は$H_2O$ですが、これは水分子が2個の水素原子Hと1個の酸素原子Oからできていることを表します。

### ❸構造式

水の分子式を見ただけでは、水の構造、すなわち原子の結合状態はわかりません。H-O-HなのかもしれませんしH-H-Oかもしれません。原子の結合状態(結合順序)を表した式(記号)を「構造式」といいます。

❹ **原子量**

原子の相対的な重さを表します。主な元素の原子量はH=1、C=12、N=14、O=16などです。

❺ **分子量**

分子を構成する原子の原子量の総和です。水分子なら1×2+16=18、二酸化炭素$CO_2$なら12+16×2=44となります。

❻ **モル**

アボガドロ定数（$6\times10^{23}$）個の原子や分子の集団を「1モル」といいます。12本の鉛筆を1ダースというのと同じです。1モルの原子や分子の重さはその原子量や分子量（gを付けたもの）に等しいです。つまり1モルの水は、18g（18ml）であり、その中には$6\times10^{23}$個の水分子が存在しています。

SECTION 62

# 反応速度と反応エネルギー

## 反応式

分子Aが分子Bに変化するように、分子の変化を「化学反応」といいます。

分子AがBに変化する反応は、「A→B」のように、2つの分子を矢印で結んで表します。矢印の左側を「出発物質」、右側を「生成物」といいます。

AがBに変化する一方、生成物のBがAに戻る反応を「可逆反応」といい、A⇄Bのように、両方を向いた2本の矢印で表します。それに対して、片方にしか進行しない反応を「不可逆反応」といいます。

## 反応速度

化学反応には、包丁が錆びる反応のように何年も掛かる遅い反応もあれば、爆発のように瞬時に終わる速い反応もあります。化学反応の速度を「反応速度」といいます。

反応A→Bでは、反応が進むとAはBになるので、Aの濃度は時間と共に減少していきます。Aの濃度が最初の濃度の半分になるのに要する時間を「半減期$t_{1/2}$」といいます。時間が半減期の2倍すなわち$2t_{1/2}$経つと、Aの濃度は最初の半分の半分、すなわち1／4になります。半減期の短い反応ほど速い反応ということになります。

●半減期

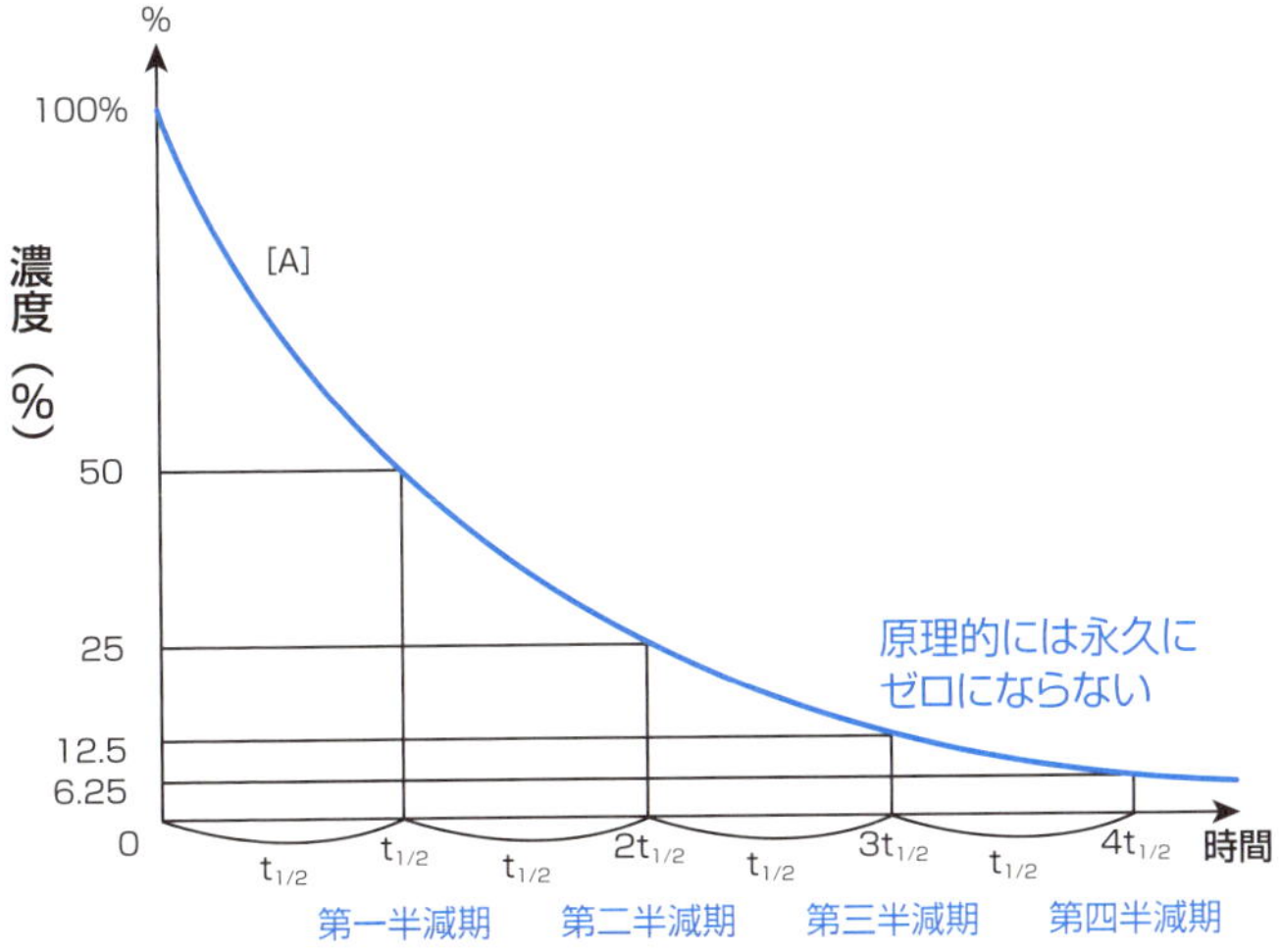

## ⚠反応エネルギー

化学反応で変化するのは、分子の構造だけではありません。分子のエネルギーも変化します。

### ❶ 内部エネルギー

原子は原子核エネルギーや、電子と原子核の間の静電引力エネルギーなどを持っています。分子も原子間の結合エネルギーや、原子間距離が伸び縮みする振動エネルギーなど、多くの種類のエネルギーを持っています。

分子の持つエネルギーのうち、重心の移動に伴う運動エネルギーを除いたものを「内部エネルギー」といいます。全ての分子は固有のエネルギーを持っているのです。

### ❷ 発熱反応と吸熱反応

化学反応が起これば分子が変化します。ということは分子の内部エネルギーも変化することになります。

出発分子と生成分子を比べて、出発分子の方が高エネルギーならば、反応が進行すると余分になったエネルギーが外部に放出されます。このような反応を「発熱反応」といい、放出されるエネルギー(熱)を「反応エネルギー」といいます。燃焼熱は典型的な反応エネルギーです。

反対に生成系の方が高エネルギーならば、反応が進行するためには外部からエネルギーを吸収しなければなりません。このような反応を「吸熱反応」といいます。簡易冷却パッドの反応は吸熱反応です。吸収されるエネルギーは、やはり反応エネルギーと呼ばれます。

## ●発熱反応に伴うエネルギーの変化

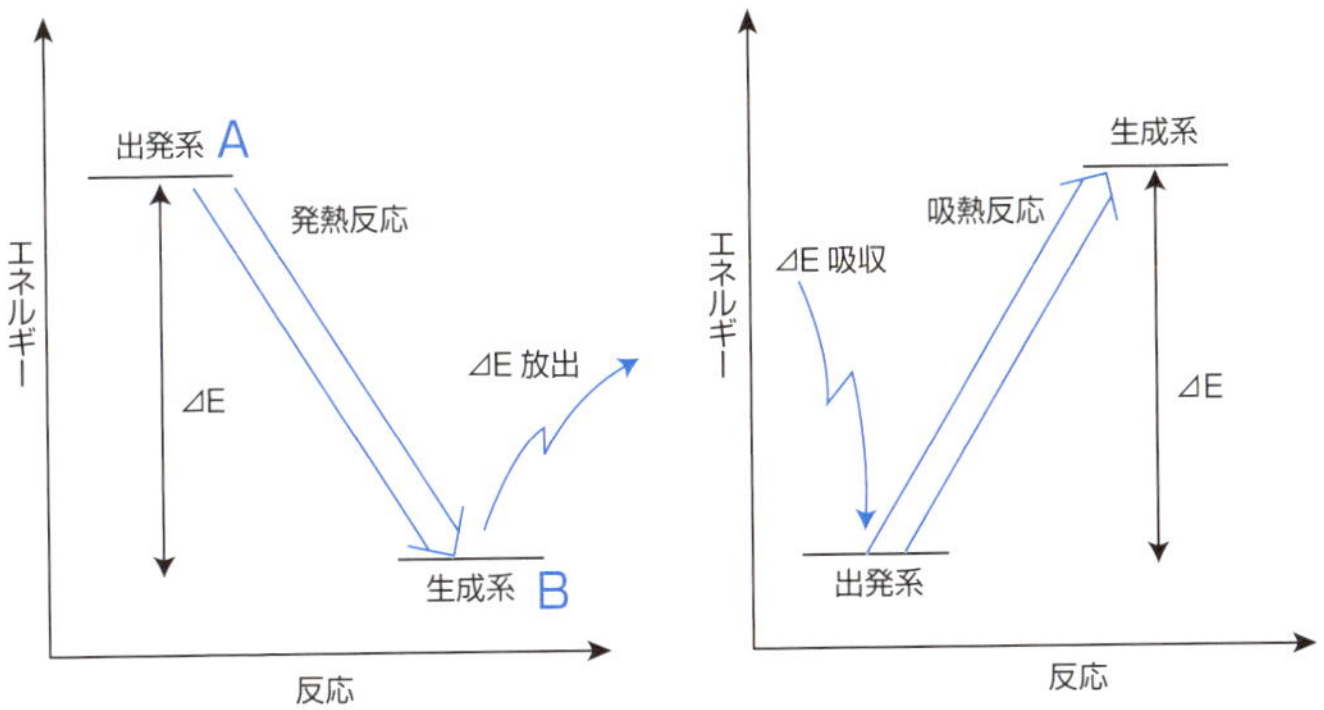

SECTION 63

# 状態変化

## ⚠ 状態変化の種類

水は低温では固体（結晶）の氷、高温では気体の水蒸気、その中間の温度では液体の水となっています。このような、固体、液体、気体などを「物質の状態」といいます。

次の図は固体、液体、気体の間の変化に付けられた名前を表したものです。ドライアイスは二酸化炭素$CO_2$の結晶ですが、温めると液体状態を経由することなく、直接気体になります。このような変化を「昇華」といいます。タンスに入れる固体の防虫剤も昇華します。

固体は低圧（真空状態）になると昇華するものがあります。氷も低圧では液体にならずに、氷から直接水蒸気になります。これを「フリーズドライ」といい、インスタントコーヒーや保存食品の製造に使われています。

## ⚠温度と体積変化

物質は温度によって体積を変化します。鉄は高温になると体積が膨張します。長い鉄道レールでは、そのために曲がってしまい、脱線事故に繋がる恐れがあります。そこでレールは、ところどころに切れ目を入れて空間を開けてあります。

水も高温になると膨張します。地球温暖化で海水面が上昇するというのは、海水が膨張するのが主な原因です。

気体は温度が1℃上昇すると体積が1／273だけ増加します。ですから、0℃で1Lの気体は100℃になると373／273＝1・37Lすなわち、

●固体、液体、気体の変化

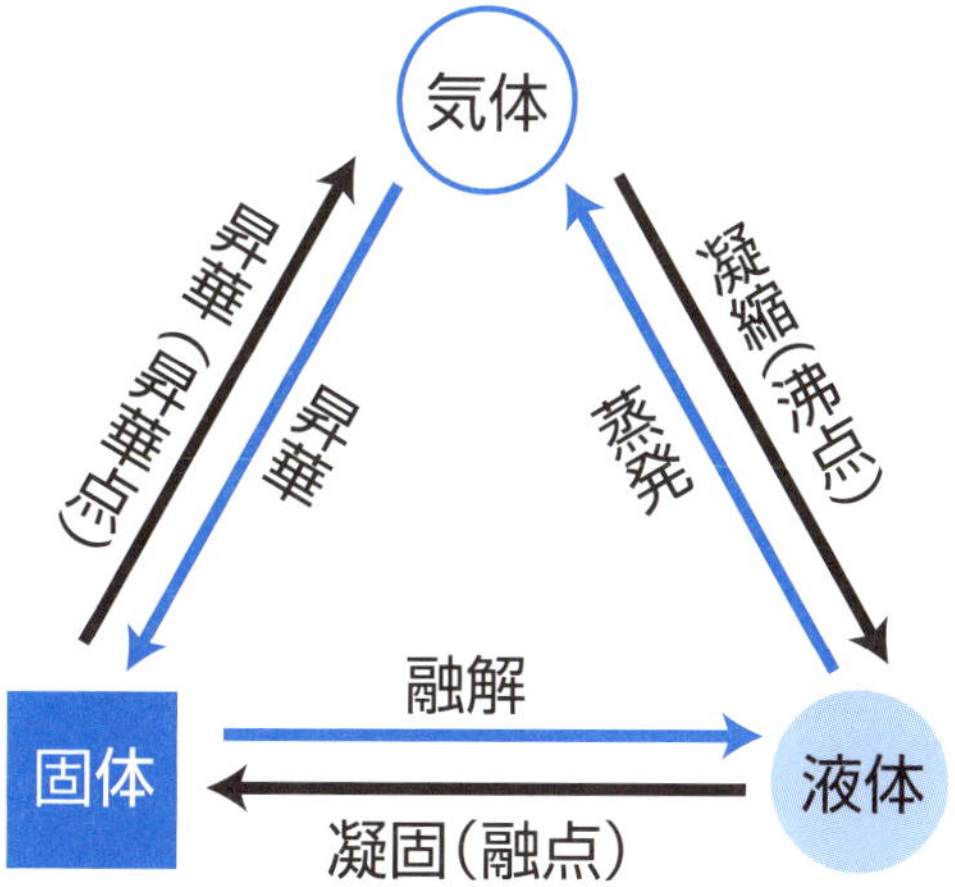

約1・4倍になります。缶詰を開けないで缶のまま加熱すると中身が膨張して爆発する恐れがあります。充分注意が必要です。

## ⚠状態変化と体積変化

状態変化に伴う体積変化は過激です。1モルの分子は気体になると、種類に関わらず、0℃、1気圧で体積が22・4Lになります。

ドライアイスは二酸化炭素ですから分子量は44であり、1モルは44gです。ドライアイスの比重は1・56ですから、1モルの体積は28㎖です。これが気体になると22400㎖、800倍です。室温ではそれ以上になります。ですから、ガラス瓶にドライアイスを入れて蓋などしようものなら確実に爆発です。

●物質の三態

## 特殊な状態

固体、液体、気体は典型的な状態なので特に「物質の三態」といわれます。三態以外の状態には液晶状態やガラス状態（アモルファス）などがあります。

液晶は物質の名前ではなく、物質の状態の名前です。ですから、液晶は低温では結晶になり、高温では気体になったり、分解したりします。つまり、液晶モニターを極低温にすると、液晶が固体になり、表示機能を失ってしまうことになります。

ガラスは固体ですが結晶ではありません。結晶というのは分子が三次元に渡って整然と積み上げられた状態をいいます。この状態が崩れたものが液体です。ガラス（アモルファス）というのは液体が流動性を失った状態のことをいうのです。プラスチックもアモルファスです。

●結晶とアモルファス

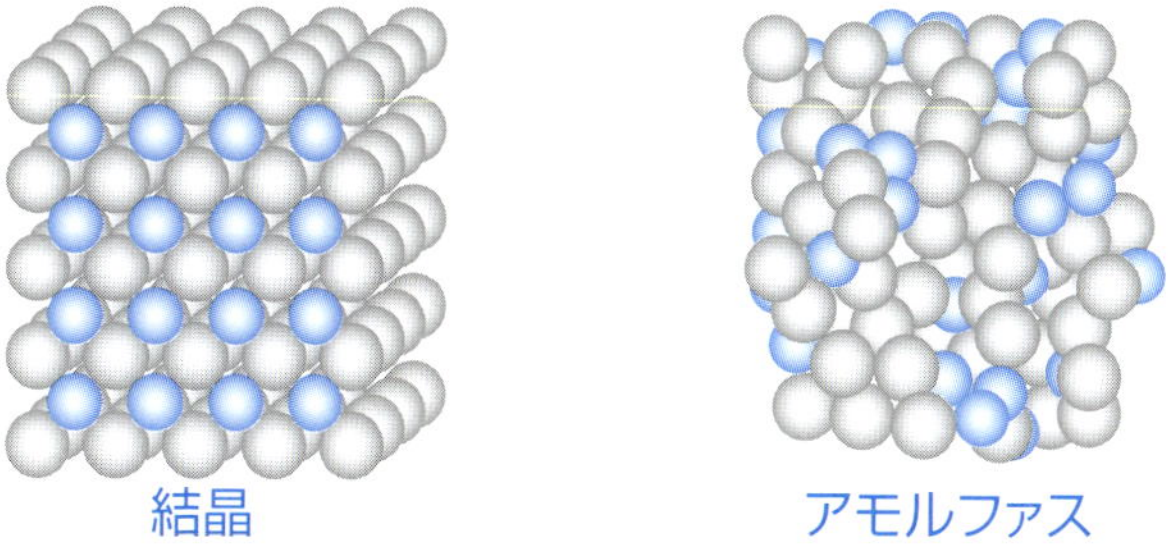

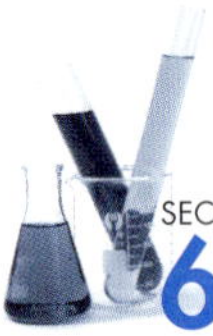

SECTION 64

# 酸・塩基と酸性・塩基性

## ⚠酸・塩基

化学で重要な概念に酸・塩基、酸性・塩基性があります。

酸・塩基は化学物質の中でも特に重要なものです。それだけに、化学のどの領域でも使えるように定義も何種類かあります。もっともよく知られたのはアレニウスが定義したものであり、それは次のものです。

●酸

水に溶けて水素イオン$H^+$を出すもの。

例：$HCl \rightarrow H^+ + Cl^-$

●塩基

水に溶けて水酸化物イオン$OH^-$をだすもの。

例：$NaOH \rightarrow Na^+ + OH^-$

しかし、この定義では水に溶けない有機物には適応できないので、ブレンステッドが次の定義を提出しました。

●酸

$H^+$を出すもの。

例：$CH_3COOH \rightarrow H^+ + CH3COO^-$

●塩基

$H^+$を受け取るもの。この定義は有機化学で良く使われます。

例：$NH_3 + H^+ \rightarrow NH_4^+$

## ●典型的な酸、塩基の表

| | 名称 | 化学式 | 構造式 | 反応 |
|---|---|---|---|---|
| 酸 | 塩酸 | $HCl$ | H–Cl | $HCl \longrightarrow H^+ + Cl^-$ |
| | 硝酸 | $HNO_3$ | 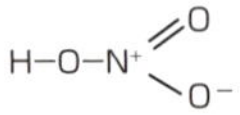 | $HNO_3 \longrightarrow H^+ + NO_3^-$ |
| | 硫酸 | $H_2SO_4$ | 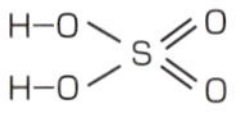 | $H_2SO_4 \longrightarrow H^+ + HSO_4^-$<br>$HSO_4 \longrightarrow H^+ + SO_4^{2-}$ |
| | リン酸 | $H_3PO_4$ | 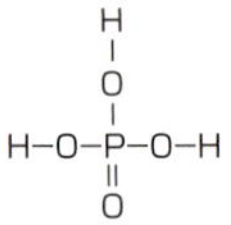 | $H_3PO_4 \longrightarrow H^+ + H_2PO_4^-$<br>$H_3PO_4^- \longrightarrow H^+ + HPO_4^{2-}$<br>$HPO_4^{2-} \longrightarrow H^+ + PO_4^{3-}$ |
| | 酢酸 | $CH_3CO_2H$ | 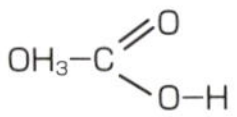 | $CH_3CO_2H \longrightarrow H^+ + CH_3CO_2^-$ |
| | 炭酸 | $H_2CO_3$ | 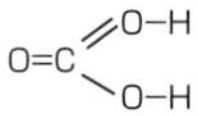 | $H_2CO_3 \longrightarrow H^+ + HCO_3^-$<br>$HCO_3^- \longrightarrow H^+ + CO_3^{2-}$ |
| 塩基 | 水酸化ナトリウム | $NaOH$ | | $NaOH \longrightarrow Na^+ + OH^-$ |
| | アンモニア | $NH_3$ | 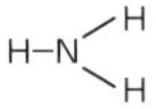 | $NH_3 + H^+ \longrightarrow NH_4^+$<br>$NH_3 + H_2O \longrightarrow NH_4^+ + OH^-$ |
| | 水酸化カルシウム | $Ca(OH)_2$ | | $Ca(OH_2) \longrightarrow Ca(OH)^+ + OH^-$<br>$Ca(OH)^+ \longrightarrow Ca^{2+} + OH^-$ |
| | アミン | $R{-}NH_2$ | 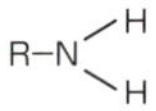 | $R{-}NH_2 + H^+ \longrightarrow R{-}NH_3^+$<br>$R{-}NH_2 + H_2O \longrightarrow N{-}NH_3^+ + OH^-$ |

## ⚠酸性・塩基性

酸の示す性質、あるいは酸の溶けた溶液の性質を「酸性」といいます。同様に、塩基の示す性質および塩基の溶けた溶液の示す性質を「塩基性」といいます。酸性、塩基性には強弱があります。そこで、酸性・塩基性の強弱を$H^+$の濃度で表すことになりました。それが水素イオン指数pH（ピーエッチ、あるいはペーハー）です。この定義は下の図のものです。

ここで$[H^+]$は水素イオンの濃度を表します。表現が対数ですか

●水素イオン指数pH

$$pH = -\log[H^+]$$

●酸性・塩基性の表

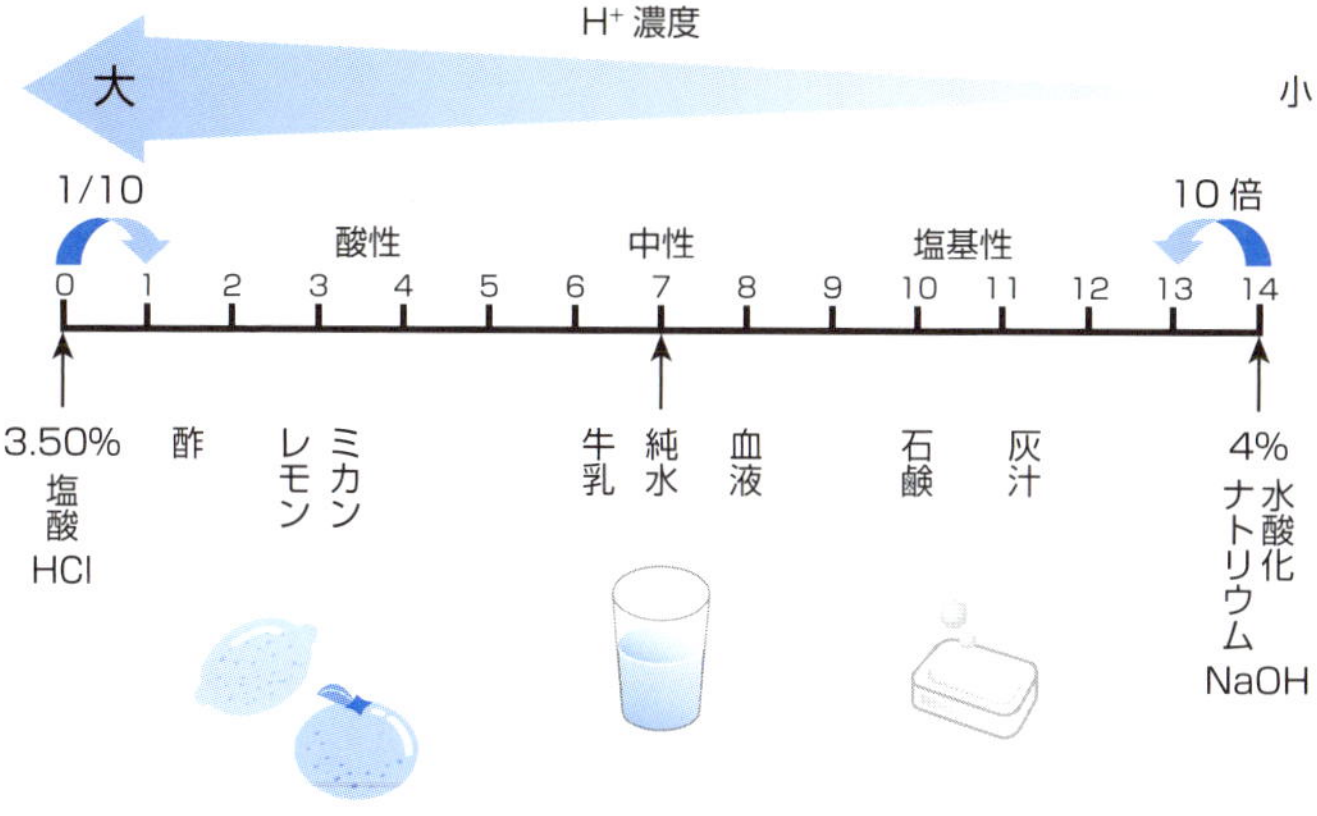

ら、pHの数値が1違うと濃度は10倍違うことになります。また、式に－(マイナス)がついていますから、pHの数値が小さいほど$H^+$の濃度が高い、すなわち、酸性が強いことになります。

## ⚠中和反応

酸と塩基の間で起こる反応を「中和反応」といいます。中和反応は発熱を伴う激しい反応のことが多いので、注意が必要です。中和反応によって生じる生成物のうち、水$H_2O$以外のものを「塩《えん》」といいます。

塩酸HClと水酸化ナトリウムNaOHの中和反応で生じる塩化ナトリウムNaCl(一般名：食塩)は、塩であるということになります。重曹(炭酸水素ナトリウム)$NaHCO_3$や炭酸ナトリウム$Na_2CO_3$は、炭酸$H_2CO_3$と水酸化ナトリウムNaOHの中和反応でできた塩です。

●中和反応

$$CO_2 + H_2O \rightleftarrows H_2CO_3$$

$$H_2CO_3 + NaOH \rightleftarrows NaHCO_3 + H_2O$$

$$H_2CO_3 + 2NaOH \rightleftarrows Na_2CO_3 + 2H_2O$$

SECTION 65

# 有機化合物の種類と性質

炭素を含む化合物のうち、一酸化炭素$CO$や二酸化炭素$CO_2$のように、簡単な構造のものを除いた他の化合物を「有機化合物」といいます。有機化合物には多くの種類があります。代表的なものを見てみましょう。

## ⚠ 炭化水素

炭素と水素だけでできた化合物です。都市ガスに使われるメタン$CH_4$、プロパンガスとして知られるプロパン$CH_3CH_2CH_3$、ガスライターに使われるブタン$CH_3CH_2CH_2CH_3$などがよく知られています。ガソリンや灯油、重油なども炭化水素の一種ですし、ポリエチレンも炭化水素です。

ベンゼンも炭化水素ですが、発がん性があります。トルエンは有機物を溶かす性質が強いので溶剤（シンナー）の成分として大量に使われました。しかし、吸入すると酩酊状態になることからシンナー遊びに使われました。覚せい剤と似た害を及ぼすので、現在では家庭用の溶剤には使われていません。

●ベンゼンとトルエン

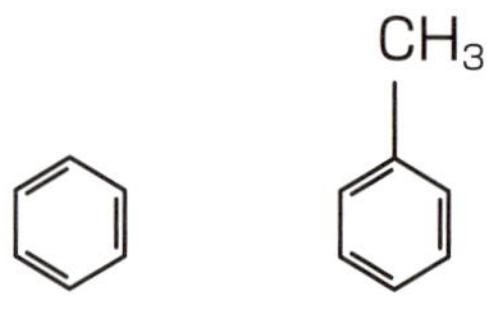


ベンゼン　トルエン

## ⚠アルコール

原子団（置換基）としてヒドロキシ基OHを持ったものを一般に「アルコール」といいます。酒類に入っているエタノール$CH_3CH_2OH$や毒性の強いメタノール$CH_3OH$がよく知られています。これらのアルコールは可燃性なので燃料としても使われます。

## ⚠アルデヒド

ホルミル基CHOを持つものを「アルデヒド」といいます。最も簡単なアルデヒドであるホルムアルデヒドはシックハウス症候群の原因物質とされています。ホルムアルデヒドは、ある種のプラスチックや接着剤の原料です。未反応のホルムアルデヒドがこれらの製品に混じり、それが空気中に沁みだしたものがシックハウス症候群を引き起こします。

## ⚠ カルボン酸

カルボキシル基COOHを持つものを「カルボン酸」といいます。カルボン酸は有機物の酸なので「有機酸」といわれることもあります。それに対して塩酸や硫酸など無機物の酸は「鉱酸」といわれます。

酢酸$CH_3COOH$は食酢の成分であり、3%

### ●有機化合物の例

| 官能基 | 名称 | 一般式 | 一般名 | 例 |
|---|---|---|---|---|
| −OH | ヒドロキシ基 | R−OH | アルコール | $CH_3$−OH　メタノール |
| | | | フェノール | $C_6H_5$−OH　フェノール |
| −C(=O)−H | ホルミル基 | R−C(=O)−H | アルデヒド | $CH_3$−C(=O)−H　アセトアルデヒド<br>C(=O)−H　ベンズアルデヒド |
| −C(=O)−OH | カルボキシル基 | R−C(=O)−OH | カルボン酸 | $CH_3$−C(=O)−OH　酢酸<br>$C_6H_5$−C(=O)−OH　安息香酸 |

ほどの濃度で含まれます。炭酸$H_2CO_3$は、二酸化炭素が水に溶けることによって発生します。雨は空気中を落下する間に、二酸化炭素を吸収するのでｐＨ５・４程度の酸性になっています。酸性雨というのは、これよりも酸性度の高いものをいいます。

## ⚠エステル

アルコールとカルボン酸の間から水が取れて生成したものを一般に「エステル」といいます。エステルは、一般に良い香りを持ち、果実の香りは、エステル類によるものが多いといわれます。

酢酸とエタノールから生じた酢酸エチル（サクエチ）は有機物を溶かす性質が強いのでシンナーの成分として使われました。しかし、トルエンと同じように覚せい剤と似た害を及ぼすことから、現在では家庭用の溶剤には使われていません。

●酢酸エチル

$$CH_3-\overset{\overset{\large O}{\|}}{C}-\boxed{O-H + H}-O-CH_2CH_3 \xrightarrow{-H_2O} CH_3-\overset{\overset{\large O}{\|}}{C}-O-CH_2CH_3$$

（囲み部分：水）

酢酸　エタノール　酢酸エチル

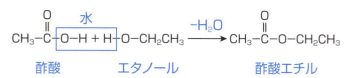

SECTION 66

# 毒物の種類と性質

人の命を縮めるものを毒といいそうなものですが、それだけでは毒とはいえません。水だって大量に飲めば水中毒になって命を落とします。お酒(エタノール)で命を落とす人は、たくさんいます。しかし、水やエタノールは、毒とはいわれません。毒というのは「少量で人の命を奪うもの」のことをいいます。

## ⚠ 致死量

毒だって、ほんの少し舐めただけでは死なないかもしれません。どれだけ飲んだら命を落とすかという量を「(経口)致死量」といいます。

しかし、人によって毒物に強い人もいるかもしれません。そこで、統計的な致死量が考案されました。マウスなどの小動物の一群に毒を飲ませるのです。服毒量が少ない間は死ぬ動物はいませんが、服毒量を増やすと死ぬ動物が出てきます。そして服毒量がある量に達した時には半数の動物が死ぬことになるでしょう。

この時の服毒量を「半数致死量$LD_{50}$」といいます。したがって$LD_{50}$の少ない毒ほど強毒ということになります。$LD_{50}$は体重1kg当たりの重量で表現されます。つまり体重60kgの人は$LD_{50}$を60倍にする必要があります。

次の表は、よく知られた毒物を$LD_{50}$の順で並べたものです。いわば毒のランキング表です。最強の毒は細菌の出す毒です。また、サスペンスで有名な青酸カリ（シアン化カリウム）の毒性は、タバコの成分

●毒の強さを表す指標

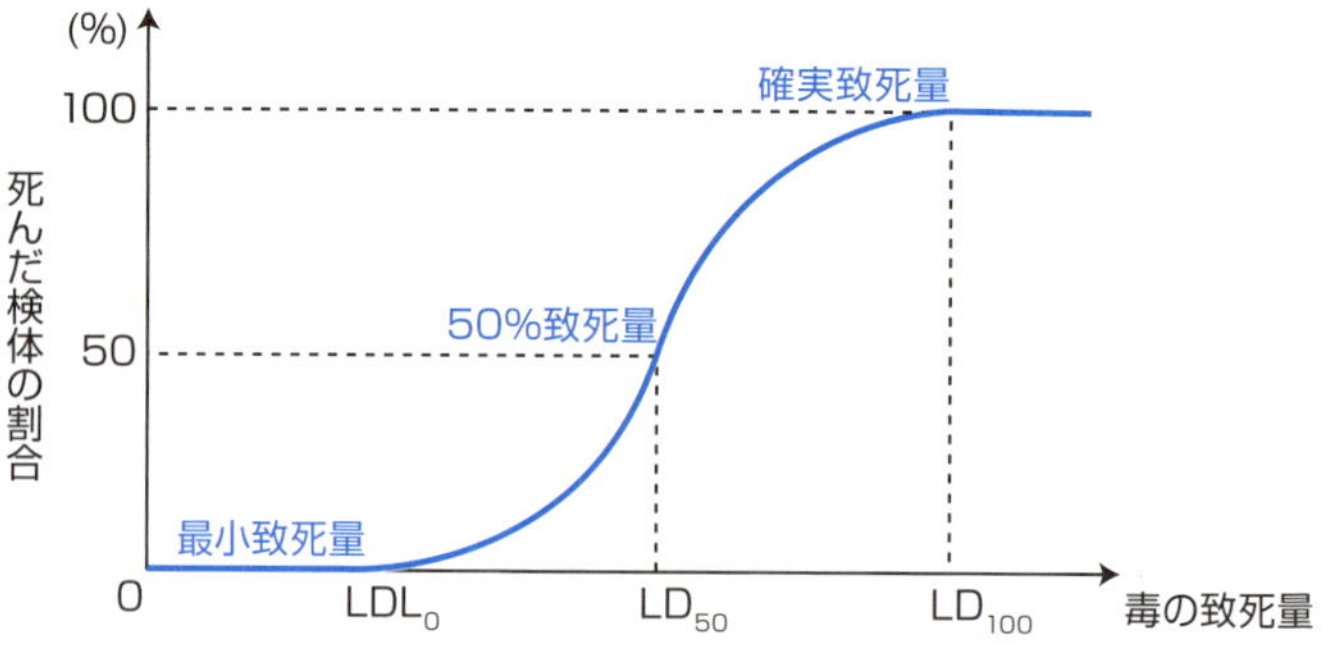

であるニコチンより弱いことがわかります。

## ⚠毒の種類

### ❶植物類の毒

植物の毒としては、トリカブトに含まれるアコニチンが有名ですが、毒の強さからいったらトウゴマの種子に含まれるリシンが最強です。

キノコにも猛毒を含むものがあります。タマゴテ

●毒の強さランキング

| 順位 | 毒の名前 | 致死量 LD$_{50}$(μg/kg) | 由来 |
|---|---|---|---|
| 1 | ボツリヌストキシン | 0.0003 | 微生物 |
| 2 | 破傷風トキシン | 0.002 | 微生物 |
| 3 | リシン | 0.1 | 植物(トウゴマ) |
| 4 | パリトキシン | 0.5 | 微生物 |
| 5 | バトラコトキシン | 2 | 動物(ヤドクガエル) |
| 6 | テトロドトキシン(TTX) | 10 | 動物(フグ)／微生物 |
| 7 | VX | 15 | 化学合成 |
| 8 | ダイオキシン | 22 | 化学合成 |
| 9 | d-ツボクラリン(d-Tc) | 30 | 植物(クラーレ) |
| 10 | ウミヘビ毒 | 100 | 植物(ウミヘビ) |
| 11 | アコニチン | 120 | 植物(トリカブト) |
| 12 | アマニチン | 400 | 微生物(キノコ) |
| 13 | サリン | 420 | 化学合成 |
| 14 | コブラ毒 | 500 | 動物(コブラ) |
| 15 | フィゾスチグミン | 640 | 植物(カラバル豆) |
| 16 | ストリキニーネ | 960 | 植物(馬銭子) |
| 17 | ヒ素(As2O3) | 1,430 | 鉱物 |
| 18 | ニコチン | 7,000 | 植物(タバコ) |
| 19 | 青酸カリウム | 10,000 | KCN |
| 20 | ショウコウ | 0.2～0.41(LD$_0$) | 鉱物　$HgCl_2$ |
| 21 | 酢酸タリウム | 35 | 鉱物　$CH_3CO_2Tl$ |

『図解雑学 毒の科学』船山信次著（ナツメ社、2003年）を一部改変

ングタケに含まれるアマニチンは$LD_{50}$が1・5〜4・5㎎の猛毒です。カビに含まれるアフラトキシンやワラビに含まれるプタキロサイドは強い発がん性を持っています。

## ❷動物類の毒

フグの持つテトロドトキシンは猛毒で有名です。ヘビにも強烈な毒を持つものがありますが、ヘビ毒はタンパク毒であり、アミノ酸が結合したものです。昆虫が持つ毒もタンパク毒が多いです。

## ❸鉱物の毒

●植物類の毒

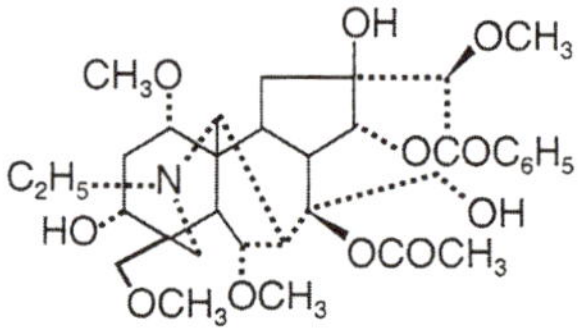

アコニチン

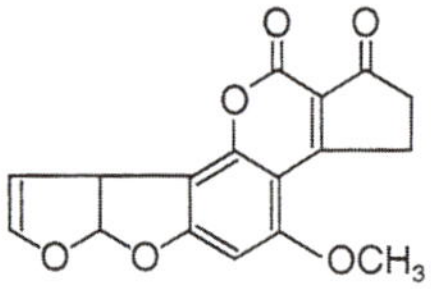

アフラトキシン

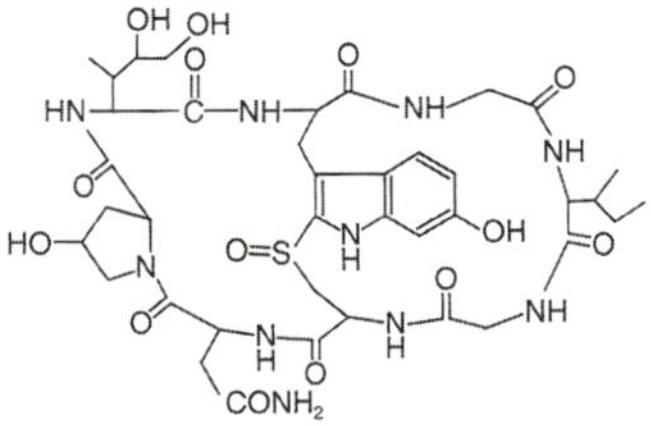

アマニチン

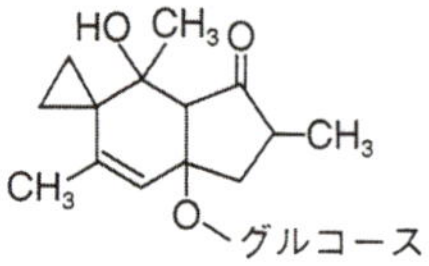

プタキロサイド

鉱物の毒として有名なのはヒ素Asです。とくに、三酸化二ヒ素$As_2O_3$は亜ヒ酸と呼ばれ、昔から暗殺などに使われました。最近は、硫酸タリウム$Tl_2SO_4$などのタリウムTl化合物やショウコウと呼ばれる塩化水銀(Ⅱ)$HgCl_2$も猛毒で知られています。

## ❹合成毒

人間が化学的に作り出した毒です。典型的なものは化学兵器であり、地下鉄サリン事件で使われたサリンやＶＸが有名です。

また、中国製冷凍餃子に入っていたメタミドホスなどの殺虫剤、あるいは日本で1985年に少なくとも11件続いた連続殺人事件に使われた除草剤パラコートなどもよく知られています。

●合成毒

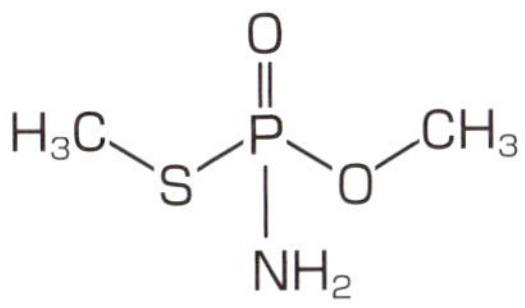


メタミドホス

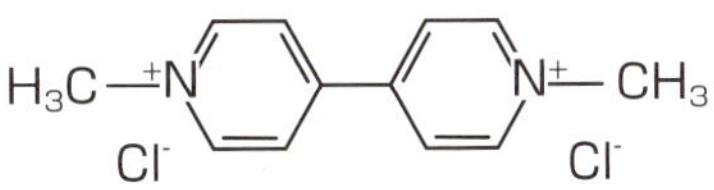


パラコート

SECTION 67

# 化学反応

## ⚠酸化反応

酸素は大きな反応性を持った気体です。そのため多くの元素と反応して酸化物を作ります。地殻中で最も多く存在する元素は、なんと酸素なのです。2番目がケイ素（シリコン）Siであり、3番目がアルミニウムAl、4番目が鉄Feです。

酸素は気体で存在しているのではありません。酸化物として存在しているのです。水晶の分子式は$SiO_4$です。分子量は92ですがそのうち64は酸素によるものです。すなわち、水晶の重さの70％は酸素の重さなのです。

物質が酸素と結合することを「酸化」といいます。炭素Cが酸素と結合して二酸化炭素$CO_2$になるのは典型的な例です。酸化反応の特色は、出発系より生成系が低エネルギーであるということです。そのため反応は、発熱反応となり、大量の反応エネルギーが放出されます。

これは具体的には熱、光、あるいは音となります。まさしく爆発の条件を備えています。化学カイロは鉄が酸化される時に発生する熱を利用したものです。

## ⚠分解反応

大きな分子が分解していくつかの小さな分子になる反応を「分解反応」といいます。エタノールからエチレンができるように、分子から水が取れる反応を「脱水反応」といいますが、これも分解反応の一種といえるでしょう。重曹を加熱すると二酸化炭素が発生するのも分解反応です。この二酸化炭素によって練った小麦粉に泡を作って膨らませ

●分解反応

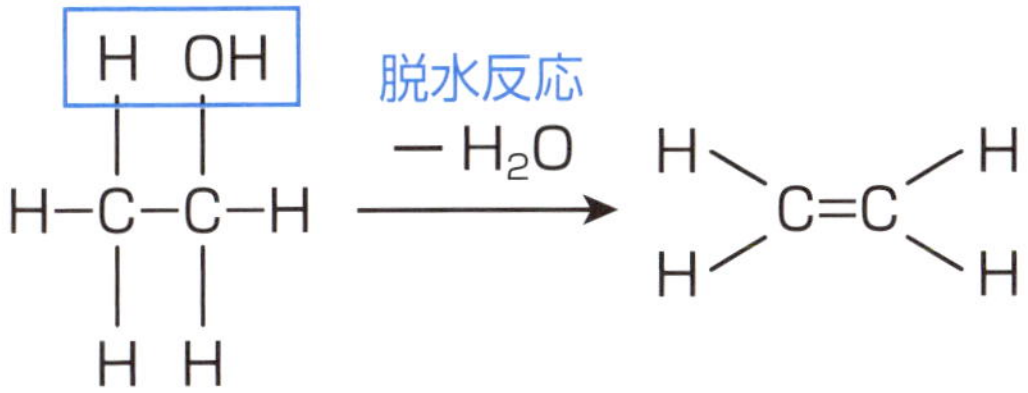


エタノール　　エチレン

$$2NaHCO_3 \longrightarrow Na_2CO_3 + H_2O + CO_2$$

炭酸水素ナトリウム（重曹）　　炭酸ナトリウム

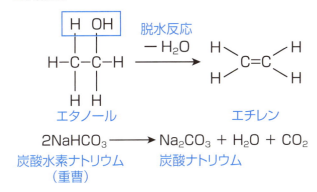

るのがベーキングパウダーの役割です。

## ⚠気体発生反応

気体を発生する反応は、たくさんあります。気体が発生すると体積が急激に膨張するので破裂に繋がる可能性があります。さらにその気体が可燃性の場合には発火、爆発に至ります。

重曹の熱分解で発生する気体は不燃性ですが、カーバイド(炭化カルシウム)$CaC_2$を水に入れると可燃性のアセチレン$C_2H_2$が発生します。

金属の中にはナトリウムのように、水に触れると水素ガスを発生して爆発するものもあります。また、多くの金属は、高温になると水と反応して水素を発生します。金属による火災には、充分な注意が必要です。

## ⚠発熱反応

●気体発生反応

$$CaC_2 + H_2O \longrightarrow CaO + H-C\equiv C-H$$

炭化カルシウム（カーバイド）　　　アセチレン

反応に伴って熱(エネルギー)を放出する反応はたくさんあります。典型的なのは燃焼(酸化反応)でしょう。しかし、水と反応して発熱するものもあります。

乾燥剤に用いられる生石灰(酸化カリシウム)CaOは、よく知られています。これは水と反応すると消石灰(水酸化カルシウム)$Ca(OH)_2$となりますが、この時に大量の熱を発生します。付近に紙などの可燃物が在れば火事になる可能性があります。

反対に硝酸ナトリウムなどは水に溶ける時に熱を奪います。これを利用したのが簡易冷却パッドです。

## さ行



## 英数字・記号



## あ行



## か行

## ま行



## や行



## ら行



## わ行



## た行



## な行



## は行

## ■著者紹介

齋藤《さいとう》 勝裕《かつひろ》

名古屋工業大学名誉教授、愛知学院大学客員教授。大学に入学以来50年、化学一筋できた超まじめ人間。専門は有機化学から物理化学にわたり、研究テーマは「有機不安定中間体」、「環状付加反応」、「有機光化学」、「有機金属化合物」、「有機電気化学」、「超分子化学」、「有機超伝導体」、「有機半導体」、「有機EL」、「有機色素増感太陽電池」と、気は多い。執筆暦はここ十数年と日は浅いが、出版点数は150冊以上と月刊誌状態である。量子化学から生命化学まで、化学の全領域にわたる。更には金属や毒物の解説、呆れることには化学物質のプロレス中継?まで行っている。あまつさえ化学推理小説にまで広がるなど、犯罪的?と言って良いほど気が多い。その上、電波メディアで化学物質の解説を行うなど頼まれると断れない性格である。著書に、「SUPERサイエンス レアメタル·レアアースの驚くべき能力」「SUPERサイエンス 世界を変える電池の科学」「SUPERサイエンス 意外と知らないお酒の科学」「SUPERサイエンス プラスチック知られざる世界」「SUPERサイエンス 人類が手に入れた地球のエネルギー」「SUPERサイエンス 分子集合体の科学」「SUPERサイエンス 分子マシン驚異の世界」「SUPERサイエンス 火災と消防の科学」「SUPERサイエンス 戦争と平和のテクノロジー」「SUPERサイエンス 「毒」と「薬」の不思議な関係」「SUPERサイエンス 爆発の仕組みを化学する」「SUPERサイエンス 脳を惑わす薬物とくすり」「サイエンスミステリー 亜澄錬太郎の事件簿1 創られたデータ」「サイエンスミステリー 亜澄錬太郎の事件簿2 殺意の卒業旅行」「サイエンスミステリー 亜澄錬太郎の事件簿3 忘れ得ぬ想い」「サイエンスミステリー 亜澄錬太郎の事件簿4 美貌の行方」「サイエンスミステリー 亜澄錬太郎の事件簿5[新潟編] 撤退の代償」(C&R研究所)がある。

編集担当:西方洋一 ／ カバーデザイン:秋田勘助(オフィス・エドモント)
写真:©Michal Ludwiczak - stock.foto

**SUPERサイエンス**
# 身近に潜む危ない化学反応

2017年3月1日　第1刷発行
2019年9月2日　第4刷発行

著　者　齋藤勝裕
発行者　池田武人
発行所　株式会社　シーアンドアール研究所
新潟県新潟市北区西名目所4083-6(〒950-3122)
電話　025-259-4293　FAX　025-258-2801
印刷所　株式会社　ルナテック

ISBN978-4-86354-213-6 C0043